과학이 밝히는
범죄의
재구성 4

한국의 CSI 국과수 박사님의 범인 잡는 과학 이야기
과학이 밝히는
범죄의 재구성 4
| 박 기 원 지음 |
| 아메바피쉬 그림 |
수사중 POLICE LINE 수사중
POLICE LINE 수사중
접근금지
수사중

살림Friends

머리말

2002년 말에 미국 연수를 갔을 때 우연히 워싱턴에 있는 스파이 박물관에 들어가 본 적이 있다. 그곳의 서점에서 과학수사와 관련하여 일반인이 읽을 수 있는 다양한 책을 접할 수 있었다. 뿐만 아니라 작은 서점 등에서도 쉽게 과학수사 관련 서적을 찾을 수 있었다. 일반인도 과학수사에 대하여 많은 관심이 있고, 전문가들도 저변 확대에 많은 노력을 기울이고 있다는 사실에 놀라지 않을 수 없었다.

그런데 또 한 번 놀란 것은 시카고의 노스웨스턴대학교에 있을 때였다. 필요한 시계 등을 사려고 잡다한 물건을 파는 상점에 들어갔다가 거기서 우연히 청소년용 과학수사 키트를 발견하여 구입할 수 있었는데, 그 키트 안에는 수사에 필요한 다양한 도구(지문을 채취하는 도구, 현미경, 나침반 등)들이 들어 있었다. 교육용으로 만들어져 일반인에게 판매하는 것으로 보였다. 과학수사가 그들의 생활 속에 깊숙이 자리 잡고 있음을 알 수 있었다.

필자가 오랫동안 각종 사건 현장으로부터 의뢰되는 증거물에 대한 감정을 해오면서 느낀 점 중 하나는 많은 사람이 이 분야에 대해 관심은 많지만 정확한 지식을 갖고 있는 사람이 드물다는 것이었다. 그리고 의외로 많은 사람이 과학수사 분야에 대해 좀 더 정확한 지식을 얻고 싶어 하지만 마땅한 서적이 없다는 것도 안타까웠다. 특히 청소년을 대상으로 한 서적은 전무하다. 요즘은 TV 등 언론매체를 통하여 다양한 과학수사 지식을 많이 얻을 수 있기는 하지만 대개는 흥미 위주의 드라마 또는 신문기사 등이어서 과학수사에 대한 지식을 체계적으로 전달하지는 못하고 있다. 이 책은 실제 벌어진 사건을 소재로 하였으며, 과학수사에 대해 관심이 있는 모든 사람에게 좀 더 정확한 지식을 이해하기 쉽게 전달하는 데 초점을 두어 집필하였다.

이 책은 다양한 사건을 수사하는 과정에서 사건을 해결하는 데 결정적이었던 과학수사기법이 어떤 것이었으며, 이들의 과학적 원리 및 분석 방법은 무엇인가에 대하여 최근의 국내외 현황과 함께 사건 중간 중간 또는 말미에 비교적 상세하게 소개하였다.

또한 앤과 큐라는 수사관(좀 더 국제적인 시각에서 사건을 풀어가기 위해서 이국적인 이름으로 지었다)이 수사하는 과정을 쫓아가면서 주인공이 하는 실수와 오판을 간접적으로 경험함으로써 과학수사 방법을 체득할 수 있도록 하였으며, 실제로 있었던 사건을 위주로 다룸으로써 더욱 실감 나게 사건을 접할 수 있도록 노력하였다.

마지막으로 이 책이 과학수사를 이해하는 데 작으나마 알찬 도움이 되기를 기대하면서, 이를 통하여 과학수사에 대한 개인적 · 사회적 이해가 확대되어 범죄 없는 사회가 하루 빨리 오기를 진심으로 기원한다.

박기원

C.O.N.T.E.N.T.S

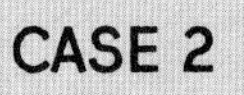

CASE 3

CASE 4

CASE 5

유전자 분석으로 범인의 성씨를 밝혀라! · 96

CASE 6

10년이 지나도 진실은 밝혀진다! · 116

CASE 7

연쇄 방화범을 찾아라! · 134

수사관 큐

1. 키 175cm 정도의 호리호리한 체격.
2. 얼굴은 약간 마른 편. 동그란 눈과 큰 귀를 지녔다.

큐의 성격 : 매우 저돌적이고 적극적인 성격을 갖고 있음. 덤벙대기도 하지만 사건을 해결하려는 의지가 강하고 집요하게 물고 늘어지는 성격. 실수도 하지만 그래도 사건을 해결하는 데 있어서 없어서는 안 될 사람.

수사관 앤

1. 키 160cm 정도의 약간 통통한 모습.
2. 무술 유단자로 전체적으로 체격이 좋은 편.

앤의 성격 : 매우 이지적이며 꼼꼼한 성격임. 과학수사에 대해 많은 지식을 갖추고 있지만 잘난 척하다가 중요한 증거를 놓쳐 버리곤 함.

CASE 1
털은 모든 걸 알고 있다!

사건 주요 내용

주인이 잠시 집을 비운 사이에 도둑이 들었다. 집을 보던 애완견이 도둑이 들어오자 마구 짖어댔다. 범인은 서랍을 뒤져 현금과 반지 등을 가지고 도망쳤다. 앤과 큐는 주변의 우범자를 대상으로 수사한 끝에 용의자를 검거하였다. 그는 밑단이 약간 찢어진 청바지와 운동화를 신고 있었다. 범인을 잡은 결정적인 증거는 무엇일까?

편안한 휴일

"앤, 요즘은 범죄도 뜸한 것 같아. 다 휴가 갔나 봐. 우리도 좀 쉬자!"

큐가 지루한 듯 투덜댔다.

"쉴 생각은! 한가할 때 이것저것 공부 좀 해 놔!"

"공부는 무슨 공부를 해! 지금까지 지겹도록 했는데."

앤의 충고에 큐는 발끈 화를 냈다.

"큐! 모르면 보이지 않는 법이야. 증거물이 짠 하고 나타나는 건 아니니까!"

"그래 맞아, 아는 만큼 볼 수 있는 거니까! 이번엔 앤 말을 들어야지."

결국 큐는 앤의 말을 순순히 인정할 수밖에 없었다.

앤과 큐는 여름휴가가 끝나가는 8월 말, 모처럼 한가한 휴일 근무를 하고 있었다.

잠깐 쉬는 사이 전화벨이 울렸다. 집에 도둑이 들었다는 신고였다. 집을 잠깐 비운 사이에 일어난 일인데 없어진 것은 많지 않다고 했다.

"아이고, 쉴 새가 어디 있어. 또, 출동이야."

"그렇지, 앤. 좀 쉬나 했더니."

앤과 큐가 현장 감식 장비를 챙겨들고 현장으로 출발했다.

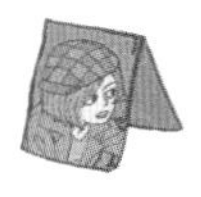

사건 발생

아파트 내부는 언제 도둑이 들었냐는 듯 깨끗했다. 앤과 큐가 방으로 들어가려 하자 꽤 커 보이는 개가 심하게 짖어댔다.

"어휴, 못 들어가겠습니다. 개를 좀 잡아주세요. 개가 사납나 봅니다."

"아녜요, 착한 아이예요. 저희가 기른 지 3년이 넘었습니다."

주인이 개를 진정시켰지만 개는 앤과 큐를 경계하듯 계속 노려봤다.

"아, 그러세요? 그런데 언제 도둑이 들어왔지요?"

앤이 개를 흘끔 쳐다보며 집주인에게 물었다.

"물건을 살 것이 있어서 슈퍼

에 잠깐 갔다 온 사이에 도둑이 들었습니다. 애들이 학원에서 올 때가 돼서 혹시나 기다릴까 봐 가족들만 아는 곳에 열쇠를 놓고 갔었거든요. 그런데 그 사이에 그만……. 집으로 돌아왔는데 문이 열려 있어 처음에는 아이들이 돌아왔나 했습니다. 한데 애들은 없고 이 개가 절룩이며 저를 맞았어요. 그 때 무슨 일이 있구나 하고 직감을 했습니다. 얼마나 급했는지 장롱 서랍만 뒤져서 지갑에 있던 것만 훔쳐서 도망한 것 같습니다."

"다친 사람은 없나요?"

"네, 없습니다."

앤이 절뚝거리는 애완견을 유심히 살폈다. 애완견은 매우 예민해져 있어 누구라도 가까이 오면 덤빌 태세였다. 애완견의 다리를 보니 약간의 상처가 나 있었다.

"자, 그럼 앤이 방 안을 살펴봐. 나는 주위에서 증거가 될 만한 것을 찾아볼게."

앤이 정밀하게 방 안을 조사하는 동안 큐는 아파트 입구와 주위 사람들 중 범인을 목격한 사람이 있는지 조사했다.

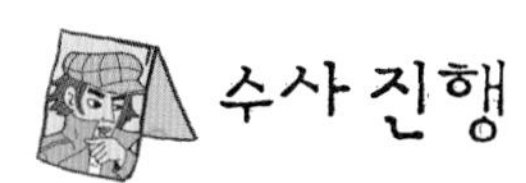

수사 진행

큐가 옆집으로 가서 혹시 수상한 사람이 이곳을 지나가는 것을 본 적이 있는지 물었다. 옆집에는 사건 당시 사람이 있었던 것으로 보였다. 옆집에 사는 사람의 말에 의하면, 그 시간 정도에 개가 심하게 짖었고 깨갱하는 소리까지 들렸다 했다. 하지만 낯선 사람이 방문하여 짖는 줄 알았다는 것이다. 그리고 아파트 입구의 CCTV에 범인의 모습이 찍혔는지 찾아보았지만 범인으로 추정할 수 있는 외부인은 전혀 찾을 수 없었다. 범인은 정문이 아닌 옆쪽의 계단을 통해서 아파트로 들어온 듯하였다. 아파트 경비원에게 혹시 이상한 사람을 보았는지 물었다.

"이 아파트에서 절도 사건이 일어났습니다. 혹시 2시에서 3시 사이에 주위에서 수상한 사람을 보시지 않았습니까?"

"네? 절도 사건이요? 아, 그래서 시끄러웠군요. 글쎄요. 사람이 하도 많이 드나들기 때문에 누가 누군지 잘 모릅니다. 특별하게 이상한 사람은 없었고요. 음, 아까 한 청년이 계속 왔다 갔다 하다가 저 뒤쪽으로 사라졌어요."

경비원이 아파트의 측면 계단을 가리키며 말했다. 큐는 직감적으로 그가 범인일 것으로 판단하였다.

"그 사람 옷차림하고 생김새가 어떠했습니까? 범인을 확인하는 데 매우 중요한 단서가 될 것 같습니다. 정확하게 말씀해 주십시오."

"네, 그러니까. 젊은 친구 같았는데. 아래는 청바지를 입었고 위에는 청색 티를 입고 있었습니다. 키는 보통 정도로, 한 170cm 정도 되었던 것 같습니다. 얼굴은 먼 곳에서 봐서 잘 못 봤고요. 이 아파트에 사는 사람 같지는 않았는데……."

"네, 정말 감사합니다. 범인을 잡는 데 많은 도움이 될 것 같습니다."

큐가 중요한 단서를 들고 다시 사건 현장으로 돌아왔다.

"앤, 뭐 나온 것 있어?"

"아니, 증거가 될 만한 것이 거의 없어. 일단 장롱 손잡이 하고 현관문 손잡이에서 범인의 흔적을 찾아보았는데 전혀 없었어. 장갑을 끼고 들어온 모양이야. 머리카락 몇 점도 채취했는데 그렇게 믿을 만한 증거물은 아닌 것 같고. 아주 힘들 것 같아."

"하기야, 요즘 범인들이 나 잡아가세요 하고 맨손으로 들어가나."

"큐! 그런데……."

앤이 갑자기 말을 멈추고 생각에 잠겼다.

"왜 말을 하다 말아?"

"큐, 그 집의 애완견이 막 짖다가 깨갱 소리가 났다고 그랬지?"

"그렇지."

갑자기 앤이 눈을 빛내며 말했다.

"애완견이 범인을 물지 않았을까? 그랬으면 범인의 다리에 상처가 나고, 범인의 옷에도 물린 흔적이 남아 있을 것이고. 그러면 그 애완견의 이빨과 비교할 수도 있을 거야. 그리고 범인의 옷에 개의 털도 묻어 있겠지."

"하지만 범인이 누군지 알아야지. 용의자를 잡아야 비교를 하든지 말든지 하지."

"하여튼, 애완견을 다시 한 번 살펴봐야겠어. 어떤 상처가 있는지 좀 자세히 보아야지. 혹시 피가 났다면 범인의 옷에 묻었을 수도 있겠지."

앤은 주인에게 도움을 요청하고, 당시의 상황을 파악하기 위해 애완견의 털을 들추며 구석구석을 살폈다. 애완견은 만질 때마다 아픈지 소리를 내며 도망치려 했다. 살펴본 결과 개의 입 부분에 약간의 상처가 있었고, 몸에는 별다른 상처는 없었다. 계속 아파하는 것을 보니 범인에게 차이거나 하여 내부에 충격은 받을 것 같았다.

"큐, 용의자를 잡기만 하면, 용의자의 옷에 난 자국을 비교할 수 있을 것 같아. 그리고 그곳에서 개의 침과 털을 발견할 수 있다면 이 애완견과 비교하여 동일한지 여부를 알 수 있을 거야. 만약 일치한다면 범인이 그곳에 있었음을 확실하게 증명할 수 있는 것이지.

나중에 비교하려면 이 애완견의 침과 털을 미리 채취해서 준비해 두는 게 편할 것 같아. 애완견이 많이 흥분한 상태니 주인에게 부탁해서 채취하자. 애완견의 털도 중요한 증거가 될 수 있겠지? 더 자세한 것은 연구원의 임지현 박사님께 물어보자고."

앤은 주인에게 부탁하여 애완견의 털과 입 안쪽을 증거물 채취 키트를 사용하여 채취해 줄 것을 요청했다. 그리고 국립과학수사구원의 임지현 박사에게 전화를 걸어 동물들이 과학 수사에서 어떻게 이용되고 있는지 물었다.

"박사님, 절도 사건 현장인데요. 다른 증거가 거의 없고, 집에서 기르던 애완견이 범인을 물은 것 같습니다. 애완견이 범인의 바짓가랑이를 물어뜯었고, 이를 떼어내기 위해 범인이 애완견을 발로 걷어찬

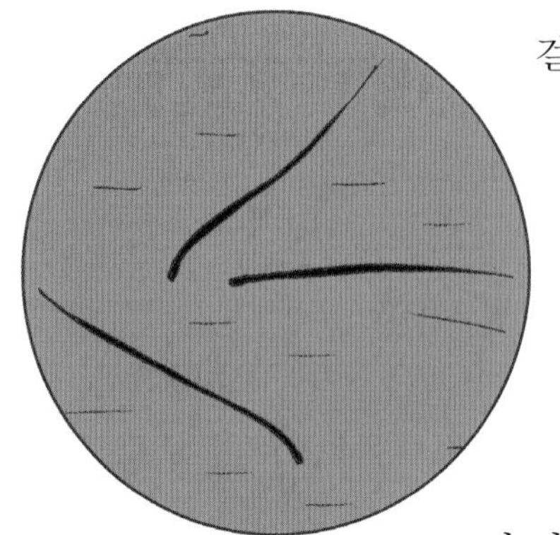

걸로 추정되는데요! 만약에 용의자가 잡히면 무엇을 채취해야 할까요? 그리고 어떤 것을 알 수 있을까요? 사람처럼 이 개에 의한 것인지 확인할 수 있나요?"

"물론이죠! 과학 수사에는 모든 것이 다 포함됩니다. 동물 또한 마찬가지입니다. 우선 동물의 털과 사람의 털은 형태학적으로 다르다는 것은 아실 테고요. 요즘은 이러한 동물 털에서 유전자 분석 방법이 확립되어서 실제 사건에도 이용되고 있습니다. 최근에는 개, 고양이 등을 식별할 수 있는 분석 키트가 개발되어 판매되고 있습니다. 즉 사람에서와 같이 어떤 개가 물었는지를 확인할 수 있다는 의미입니다.

그리고 개가 바짓단을 계속 물고 있었다면 당연히 바지에는 개의 잇자국이 있을 것입니다. 사람의 치흔의 동일성 여부를 검사하는 것과 마찬가지로 용의자 바지의 치흔과 애완견의 치흔의 동일성 여부를 확인할 수 있을 것입니다. 그리고 애완견이 범인의 바지를 물어뜯었다면 그곳에 개의 침도 묻었을 것입니다. 이것에서 유전자 분석을 하면 어떤 동물인지 그리고 어떤 개인지를 확인할 수 있습니다.

요즘은 유전자 분석도 분야가 매우 다양해지고 있어서 사건을 해결하는 데 더 많은 정보를 얻을 수 있지요. 이번 사건도 잘하면 결정적인 증거가 될 수 있겠군요. 의문 사항이 있으면 언제라도 전화 주세요. 결과가 궁금합니다. 만약 용의자를 잡으면 바로 의뢰하세요."

"아! 그렇군요. 저희에게는 정말 희망적입니다. 큐, 빨리 용의자 잡으러 가자!"

앤은 전화를 끊자마자 뛰쳐나가며 소리쳤다.

"오늘은 앤이 왜 이렇게 서두르지!! 일단 본 사람이 있으니까 금세 검거할 수 있을 것 같아."

용의자 검거

앤과 큐 그리고 동료 수사관들이 목격자가 진술한 사람을 찾기 위해 아파트 곳곳에 범인이 입었던 것과 비슷한 옷차림을 담은 전단지를 붙였다. 범인을 알아본 사람의 신고가 들어오기를 기다리며, 여러 가지 다른 가능성을 두고 다양한 방향으로 수사의 범위를 확대해 나갔다. 하지만 너무 막연한 수사에 범인의 모습은 흔적도 보이지 않았다. 범인이 이미 옷을 갈아입었을 가능성도 크기 때문에 그것만으로 범인을 확인하는 것이 어려웠다. 더 이상 수사의 진척이 없이 며칠을 시간만 보냈다. 다른 사건에 묻혀 관심도 점점 줄어들고 이 사건도 미제 사건으로 남는 듯싶었다. 이때 한 통의 전화가 걸려왔다. 앤이 전화를 받았다.

"여보세요?"

"네, 말씀하세요."

"저번에 일어난 그 절도 사건의 범인이 저희 동에 사는 사람 같은데요. 아무리 보아도 제가 가끔 보았던 그 옷차림 맞습니다. 저의 신분이 드러나는 것은 아니겠죠? 보복 당하는 것은 아닌지 무서워서요."

"네, 절대로 신분은 알려지지 않습니다. 저희가 그쪽으로 가겠습니다."

전화를 끊고 앤과 큐가 현장으로 급하게 달려갔다.

신고를 한 사람은 사건이 난 바로 옆동 아파트의 경비원이었다. 범행이 일어난 집에서 그가 살고 있다는 아파트까지의 직선거리는 약 70~80미터 정도 되는 것으로 보였다. 그 아파트 창에서 보면 사건이 난 아파트의 현관이 보였다. 큐와 앤은 경비원으로부터 자세한 이야기를 듣고 그가 범인이 거의 확실하다고 생각하고 그를 검거하는 데 최선을 다하기로 했다. 경비원의 말에 의하면, 그는 집에 자주 오지 않으며 주로 밤 시간에만 왔다 바로 나간다고 했다. 현재 그는 외출한 상태로, 집을 나간 지 며칠 지났으니 돌아올 때가 됐다고 경비원은 말했다.

앤과 큐는 그곳에서 그를 기다리기로 했다. 하지만 그는 그날 밤에 집으로 돌아오지 않았다. 그리고 그 다음날도 돌아오지 않았다. 꼭, 수사관이 지키고 있다는 것을 안다는 듯이. 수사관들이 초조해지기 시작했다.

"이 친구가 눈치 채고 들어오지 않는 것 아냐?"

지친 듯이 큐가 말했다.

"아냐, 오늘만 더 기다려 보고, 오늘도 안 들어오면 경비원에게 그 사람이 나타나면 몰래 연락을 해 달라고 부탁하자."

앤이 큐에게 달래듯 말했다.

"어! 저 바지."

동행했던 김철종 수사관이 소리를 질렀다.

"조용, 쉿! 큰일 날 뻔했다."

큐가 김철종 수사관의 입을 막으며 말했다.

"자! 집으로 가고 있으니 현관에서 체포를 하자고."

큐가 눈을 동그랗게 뜨고 고개를 한쪽으로 저으며 위치를 지정했다. 그가 현관으로 들어가고 있었다. 큐는 빠르게 앞을 가로막고 말했다.

"기자철 씨 맞지요? 잠깐 조사할 것이 있는데 같이 가시죠."

"네! 무슨 일로 그러세요. 누구십니까? 왜 이러세요."

그는 손을 뿌리치며 도망갈 태세였다. 하지만 큐가 한번 잡은 손을 놓칠 리가 없었다.

"왜 도망가려고 하세요?"

"죄도 없는 사람한테 왜 그러십니까?"

"네, 저희 수사에 좀 협력해 주시면 됩니다. 이미 다 알고 왔습니다. 당신을 절도 사건 용의자로 체포합니다."

큐는 잡은 손을 더욱 세게 쥐고 그를 압박했다. 잠시 후 그는 담담하게 수사관의 지시에 따랐다. 큐가 무언가 생각났다는 듯이 그의 바지를 유심히 살폈다.

"앤! 여기 바지의 아랫단을 봐. 뭔가 물은 자국이 있어. 개가 물어뜯은 자국이겠지. 사람이 물었을 리는 없을 테고."

"그런데 이 사람, 왜 옷을 그대로 입고 있지? 갈아입거나 빨지도 않고. 사건 이후로 집에 한 번도 안 들어갔다는 얘기인데."

앤이 큐의 귀에 가까이 대고 말했다.

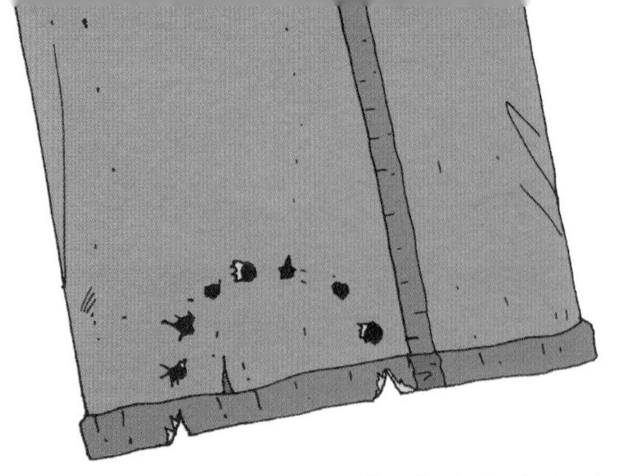

"그래 맞아, 앤. 범인은 옷을 갈아입을 시간이 없었던 거야. 그리고 대수롭지 않게 생각하고 있었던 것일지도 몰라. 하여튼 옷을 빨리 국립과학수사연구원에 보내야겠어. 개의 유전자형과 같은 유전자형이 나오면 이 사람이 그곳에 갔었다는 것이 입증되는 것이니까!"

"큐, 신발도 증거물로 확보했으면 좋겠는데."

"저 옷이면 충분하지 않을까?"

"신발에도 다른 물질이 묻었을지 모르잖아. 거실에 신발 자국이 없었어. 그러니까 양말에 묻었던 개의 털이 신발 안쪽에 남아 있을 수 있잖아!"

"역시 앤은 천재야."

옷과 신발이 증거물로 압수되어 국립과학수사연구원에 의뢰되었다.

애완견이 증명한 범인

증거물을 보내 놓고, 조급한 마음에 큐가 임지현 박사에게 전화를 하였다.

"저, 박사님 혹시 그 자국에서 침이 검출되었나요?"

"지금 고민 중인데요. 흔적에 대한 동일성 여부 실험을 진행하기 위해 개 이빨에 대한 본을 떠야 하는데 가능할지 모르겠습니다. 침을 채취하다 보면 이 흔적이 망가질 수 있기 때문에, 가능한 흔적에 대한 감정이 마무리된 후에 하려고 했습니다."

"네, 그렇군요. 잘 몰랐습니다. 그러면 개 이빨에 대한 본을 떠 올까요. 이것은 처음 하는 일이라서 어떻게 해야 할지 모르겠습니다."

"비교하려면 그것이 꼭 필요합니다."

"네, 어떻게든 해보겠습니다. 범인을 잡기 위해서는 최대한 협조를 해야지요."

"네, 우리도 가능한 흔적을 건드리지 않고 주변을 채취하여 침이 검출되는지 여부를 실험해 보겠습니다."

"네, 감사합니다."

국립과학수사연구원에 보내진 옷과 신발에 대해 정밀한 감정이 이루어졌다. 먼저 바지의 개가 물었던 흔적에서 침 성분이 검출되는지 알아보기 위해 최대한 흔적을 건드리지 않고 주변을 채취하여 사람에서 실시하고 있는 타액 검출 여부를 시험하였다. 다행히 그곳에서 침 성분이 검출되었다. 따라서 우선 이 시료를 가지고 유전자 분석을 하기로 하였다. 나머지 옷은 손상이 되지 않도록 잘 포장하여 치흔 검사를 하는 실험실로 보내졌다. 그리고 신발에 대한 정밀 검사도 진행되었다. 신발에서는 별다른 흔적이 보이지 않았다.

아마 신을 벗어 놓고 방으로 들어간 듯하였다.

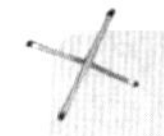

임 박사의 감정 결과

하나의 증거물에서 여러 실험을 해야 할 경우 어떤 순서로 하나

하나의 증거물에서 여러 가지 실험을 해야 하는 경우 어떤 실험을 먼저 할지 헷갈릴 수 있다. 우선 흔적에 대해 동일성 여부를 검사할 수 있도록 먼저 사진 등을 찍어 두고 타액 검출 여부를 실험할 수도 있지만, 그 부분이 오염될 수 있다는 단점이 있다. 그리고 타액 검출 여부를 먼저 하면 흔적이 변형될 수 있기 때문에 곤란하다.

이렇게 실제 증거물에서는 한 시료에서 여러 가지 실험을 해야 하는 경우가 종종 있다. 이런 경우 다음 실험에 영향을 미치지 않는 실험을 먼저 실시한다. 아무리 급해도 순서가 있게 마련이다.

위 사건의 경우 매우 애매하지만 그래도 다음 실험에 덜 영향을 미치는 실험을 먼저 실시한다. 우선 가능한 한 흔적에 영향을 주지 않는 부위에서 타액 검출 실험을 먼저 실시할 수 있다. 물론 흔적은 한번 지워지면 복구할 수 없으므로 침이 흔적과 같이 있다면 흔적을 위한 실험을 먼저 실시해야 한다. 흔적의 경우 다른 화학적 및 물리적으로 변형이 되지 않고 실험이 가능하다면 그 부분을 오염시키지 않기 때문에 먼저 실시하는 것이 원칙이다. 하지만

증거물 채취 모습

물리 화학적인 변형이 올 수 있는 실험인 경우 중요성 및 성공 가능성 여부를 따져야 한다. 중요성이 크고 성공 가능성이 많은 실험을 먼저 실시해야 한다. 하지만 이 경우에도 최대한 다음 실험에 영향을 미치지 않도록 조심하면서 실험을 진행해야 한다.

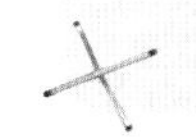

신발 내부를 정밀하게 조사하던 임 박사는 신발 안쪽 구석에서 검은색 털 몇 점을 발견하였다. 범인이 신을 벗고 집으로 들어가면서 양말에 묻은 것이 신발 안쪽에 남아 있었던 것 같았다. 먼저 형태학적 분석이 실시되었다. 현미경으로 관찰한 결과 동물의 털이 틀림없었으며 피해자가 기르는 애완견에서 채취한 털의 모양과 비슷했다.

바지에서 채취된 침과 신발에서 채취한 털에 대하여 유전자 분석을 실시하였다.

털은 당시를 증명하고 있다

며칠 후 유전자 분석(STR 및 미토콘드리아 DNA 분석) 결과와 치흔의 분석 결과가 통보되었다. 유전자 분석 결과 범인의 옷에서 발견된 털의 유전자형과 피해자가 기르는 애완견의 털에서 검출된 유전자형이 동일하다는 통보를 받았다. 그리고 이를 뒷받침하듯 치흔 분석 결과에서도 동일하다는 결과를 통보 받았다.

"야호! 야, 사건이 이렇게도 해결되는구나! 과학적인 수사는 끝이 없는 것 같아. 동물의 털과 침이 사건을 해결하는 데 결정적인 역할을 할 줄이야."

앤이 분석 결과를 듣고 좋아했다.

"그래 앤, 점점 범인이 설 자리가 줄어들고 있다는 증거야. 신발에서 증거가 나올 줄은 전혀 생각을 못 했는데."

동물의 침과 사람의 땀이 섞인 경우 유전자 분석 결과는

동물과 사람의 시료가 섞인 경우 유전자 분석 결과는 어떻게 나올까? "혹시 마구 뒤섞여 나오는 것은 아닐까" 하는 걱정은 하지 않아도 좋다. 동물인데 사람의 유전자형처럼 나올 수 있지 않을까 생각할 수 있는데 그렇지는 않다. 유전자 분석을 위해서는 증폭 과정을 거쳐야 하는데, 처음부터 동물의 DNA만을 인식할 수 있는 프라이머(탐침)를 증폭을 위한 시발체로 쓰기 때문에 그럴 가능성은 없다. 즉, 사람의 유전자는 아예 처음부터 증폭이 되지 않는 것이다. 이 사건에서도 신발에는 용의자의 세포도 많이 있기 때문에 발견된 털이 사람의 DNA로 오염되었을 가능성이 매우 크지만, 위와 같은 이유 때문에 애완견의 유전자형만 검출할 수 있다.

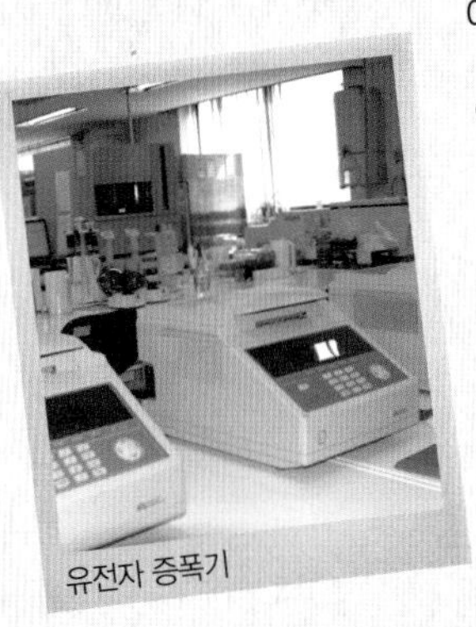
유전자 증폭기

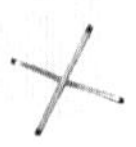

"그렇지! 지저분한 곳에서 발견되었다고 증거물이 안 되는 것은 아니지. 내가 유심히 봤거든. 거실에 신발 자국이 있는지."

앤이 우쭐대며 말했다.

범인은 피해자 옆 아파트에 사는 사람으로, 평소 그 집 식구들이 우유 배달 주머니에 열쇠를 넣어두는 것을 보고 주인이 잠시 집을 비운 것을 확인한 후 집으로 들어갔다고 했다. 그가 현관문을 열고 들어가자 애완견이 마구 짖어대고 물어서 다른 쪽 발로 세게 걷어찼다고 했다. 하지만 개가 계속 달려들어 장롱만 뒤지고 급히 집을 나왔다고 진술했다.

결국 범인은 애완견 때문에 자신의 뜻을 다 이루지 못하고 그곳을 나올 수밖에 없었고, 애완견 때문에 잡힌 셈이었다.

과학 수사에 이용되는 동물의 특징들

요즘 우리나라에서도 많은 반려 동물을 기르고 있다. 반려 동물은 사람과 항상 같이 있고 같은 거주지에서 생활하기 때문에, 사람의 옷 등에 털이 묻을 가능성이 크다. 예전에는 애완동물이라고 했지만 최근 들어서는 같이 살아가는 동물이라는 의미로 반려 동물이라는 단어를 많이 사용한다. 이러한 반려 동물을 비롯한 동물의 여러 가지 특징들이 과학 수사에 이용되고 있다.

범죄 수사에서 동물 DNA 분석의 적용은 최근에서야 연구가 되었고, 실제로 적용되기 시작한 것은 1990년대 중반이 지나서였다. 동물 DNA 증거는 주로 다음의 3가지 분야에서 응용될 수 있다.

1. 범죄의 증명
2. 애완동물의 도난
3. 동물에 의한 사람의 피해

물론 털의 현미경 관찰을 통하여 사람과 동물의 모발을 비교하는 것은 이미 오래전부터 이용되어 왔다. 하지만 요즘에는 동물과 관련된 사건을 처리하기 위해 사람 주위에 사는 동물 및 보호 동물의 유전자 분석에 대해 많은 연구가 진행되었고, 실제 사건에 적용되어 많은 성과를 올리고 있다.

만약에 범행 현장이 반려 동물을 기르거나 동물들과 관련이 있는 현장이라면 범인의 옷 등에 이들 동물의 털이 묻었을 가능성이 크다. 따라서 범인의 옷 등에 묻은 털을 현장에 있는 동물의 털과 비교하여 동일성 여부를 확인할 수 있다. 만약에 동물을 도난당했다면 마찬가지로 이들을 분석하여 동일한 동물인지 확인할 수 있는 것이다. 그리고 동물에 의해 사람이 피해를 입은 경우도 어떤 동물에 의해 피해를 입었는지 확인할 수 있다. 밀렵과 관련된 범죄에서도 만약 밀렵된 동물이 해체된 경우에도 유전자 분석을 통하여 어떤 동물인지를 확인할 수 있다.

그러면 어떻게 분석을 할까? 분석 방법은 사람의 시료에서 유전자 분석을 하는 것과 비슷하다. 단지 동물의 DNA만 선별적으로 증폭할 수 있도록 프라이머(탐침)를 설계하여 증폭하면 된다. 털의 경우에도 사람에서와 같이 모근이 있는 경우 STR 분석을 통하여 개마다 다른 부위를 분석함으로써 개의 개체를 식별을 할 수 있으며, 모간부(모근이 없는 부분)에서는 미토콘드리아 DNA를 분석하여 특징을 관찰할 수 있다. 개 및 고양이와 같이 사람이 많이 기르는 반려 동물의 경우, 이들을 식별할 수 있도록 유전자 분석 키트가 이미 개발되어 시판되고 있으며 수사에 직접 응용되고 있다.

▶ 유전자 분석 장비

CASE 2
청바지 지문으로 범인을 찾아라!

사건 주요내용

경기도의 신축 중인 한 아파트 화장실에서 미모의 여대생이 사망한 채 발견되었다. 사건 현장은 안쪽으로 잠겨 밀폐되어 있었으며 공사장 인부가 발견하여 신고하였다. 시신은 여름의 고열로 인해 부패가 많이 진행된 상태였다. 앤과 큐가 공사장 주변에 설치된 CCTV를 확인한 결과 용의자를 찾을 수 있었다. 상은 비교적 선명했지만 옆모습만 찍혀서 누구인지 알아볼 수가 없었다. 하지만 그가 입고 있었던 청바지가 이 사건을 해결하는 데 결정적인 역할을 한다.

사건 발생

경기도의 신축 중인 한 아파트 공사장에서 미모의 여대생이 살해된 채 발견되었다. 공사장은 다른 아파트와 약 200여 미터 떨어져 있었으며, 주 통행로는 아파트 단지 앞으로 나 있어 주민의 통행은 거의 없는 곳이다. 아파트는 이제 거의 다 지어져 내부 마감재 처리가 한창이었다.

공사장 인부가 아파트 105호의 내장재 마무리 공사를 하러 들어갔다가 화장실에서 시신을 발견하여 신고를 하였다. 화장실 쪽에서 썩은 냄새가 나서 확인하려 했으나 문이 열지지 않아 강제로 문을 열고 들어가 보니 부패된 시신이 있었다고 한다.

신고를 받은 앤과 큐 등 수사관들이 현장으로 바로 출동하였다.

범죄 현장 감식

"아이쿠! 냄새야. 와 이거 너무 지독한데."

문을 열고 들어가던 큐가 멈칫하며 말했다. 한여름의 뜨거운 열기에 밀폐된 실내 온도는 더욱 높게 올라가 있었다. 시신은 사망한 지 꽤 지난 듯 매우 심하게 부패되어 있었다. 실내는 눈을 못 뜰 정도로 냄새와 가스로 차 있었다.

"시신이 너무 부패했어. 환기를 좀 하고 들어가야 할 것 같아. 이대로는 아무것도 할 수 없어."

"큐, 그래. 냄새도 빼고 정확하게 계획을 세운 다음 현장에 접근하도록 하자. 중요한 사건인 만큼 더욱 신중을 기해서 들어가야 할 것 같아. 와 너무 덥다."

사건 현장이 매우 좁기 때문에 앤과 큐만 들어가 현장을 조사하기로 하였다. 현장 감식에 필요한 복장을 철저하게 하고 감식 장비 및 증거물 채취를 위한 키트들도 챙겼다.

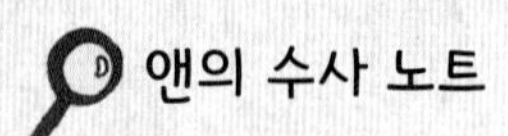

앤의 수사 노트

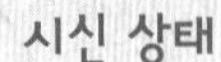

시신 상태

1. 긴 머리의 젊은 여성.
2. 시신은 부패가 많이 진행되었으며 악취가 많이 남.
3. 상의 티는 앞면이 완전히 벗겨져 있었고 하의도 반쯤 벗겨져 무릎에 걸쳐 있었다.

사건 현장 화장실 내부 상황

1. 화장실 문은 안쪽으로 잠겨 있었음(인부의 진술).
2. 화장실 벽면 일부에 비산 혈흔(흩어진 혈흔의 형태)이 관찰됨.
3. 수건걸이는 중간이 구부러진 채 떨어져 있었으며 물건 보관함도 떨어져 깨져 있었다.
4. 거울 일부도 깨져 있음.

조심스럽게 큐와 앤이 현장에 접근했다. 한 발짝 앞으로 나가는 것조차 매우 힘들었다. 화장실 안이 좁을 뿐만 아니라 잘못하면 증거물이 망가질 수 있기 때문이었다. 사건 현장 내부는 환기를 했는데도 여전히 냄새가 심했고 매우 후텁지근하여 온몸이 금방 땀으로 젖을 정도였다.

"앤, 피해자가 범행 동안 심하게 반항한 것 같아. 수건걸이도 떨어져 나가고 유리도 깨져 있어. 얼마나 심하게 다투었는지 짐작이 가는 장면들이야. 그런데 혈흔은 그렇게 많지 않아."

"좁은 공간에서 심하게 다투었다면 범인도 상처를 입었을 것 같은데……. 인근 병원에서 상처를 치료 받은 사람이 있는지도 확인해 봐야겠어."

"좁은 공간이었고 많이 다투었기 때문에 분명히 범인의 머리카락이나 아니면 무엇인가는 떨어져 나왔을 것 같아. 증거가 될 수 있는 것은 모두 채취하자고."

큐와 앤은 현장을 꼼꼼히 기록하고 증거가 될 수 있는 것은 모두 채취하였다. 현장 감식이 끝나고 채취된 증거물과 시신이 국립과학수사연구원으로 이송되었다.

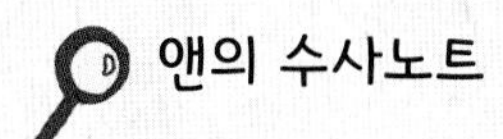

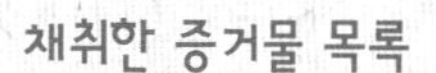

1. 피해자의 가슴 부위에서 채취한 면봉 3점.
2. 피해자 하체 부분에서 채취한 면봉 4점.
3. 현장 바닥에서 채취한 짧은 머리카락 5점.
4. 현장 바닥 채취 혈흔 5점.
5. 현장 벽면 부분 채취 혈흔 5점.

사건 현장 및 주변 수사

큐와 앤이 사건 현장을 조사하는 동안 정상종, 권철연 그리고 김철종 수사관은 시신을 발견한 사람과 공사 관련자들에 대한 수사를 진행하였다. 사고가 일어난 아파트는 인근 아파트에서 산 쪽으로 붙어 있었으며 도로도 아직 완공되지 않아서 공사 차량 이외에는 차량의 통행이 거의 없었으며 사람도 인부들 외에는 그곳을 지나다니지 않았다.

공사장 인부들에 대한 조사에서도 최근에 외부 사람이 출입하는 것을 본 적이 없다고 했다. 또한 변사자가 사망한 것으로 추정되는 일요일 저녁에는 국가 대표팀과 일본의 축구 경기가 있어서 모두 축구 응원을 하느라 시끄러워 아무런 소리도 못 들었다고 했다. 사건이 아파트 내부에서 일어났고 경비실과는 떨어져 있어 비명 소리를 못 들었을 가능성도 있었다.

공사장 야적장에는 자재의 도난을 막기 위하여 고성능 감시 카메라가 설치되어 있었다. 그 옆에는 간이 경비실이 있었으며 사건 현장으로부터 약 50미터 정도 떨어져 있었다.

김철종 수사관이 인근 병원에서 외상 치료를 받은 사람들에 대한 조사를 진행했지만 혐의점이 있는 사람을 발견하지는 못했다.

변사자는?

변사자는 신원 확인 결과 사건 현장에서 얼마 떨어지지 않은 아파트에 살고 있는 대학생으로 확인되었다. 소식을 들은 가족들이 매우 놀라며 서로 부둥켜안고 울먹였다. 앤이 조금 기다린 후 가족을 달래며 피해자의 최근 행적 등에 대해서 천천히 물었다.

"학생이 요즘 이상한 행동을 한 적은 없었는지요? 그날 따님이 무엇을 했었는지 말씀해 주세요."

"휴! 네. 걔는 참 착실한 애였어요. 지금까지 말썽 한 번 안 부리고 자란 애에요. 조금 소심한 성격이긴 하지만 친구들하고도 잘 지냈습니다."

피해자의 어머니가 크게 한숨을 쉬며 울먹이며 말했다.

"그날, 누구인지는 모르지만 전화를 받고 잠깐 나갔다 온다고 하고 나갔는데 돌아오지 않았습니다. 밤새 한잠 못 자고 온 동네를 찾아다녔지만 찾을 수 없었습니다. 친한 친구들에게 전화를 해서 물어봐도 다 모른다는 답변뿐이었어요. 불길한 생각이 들어 실종 신고도 한 상태였습니다."

아버지가 옆이 있다가 어머니의 말을 받아 차분하게 설명을 이어갔다.

처음 수사는 하의와 상의가 반쯤 벗겨진 점 등으로 성범죄에 의한 살인으로 판단하여 변사자의 남성 관계 등을 중점적으로 수사하였다. 또한 우발적 범죄일 가능성도 있어 이쪽 방면으로도 수사를 동시에 진행하였다. 그리고 그날 전화 통화를 한 사람이 누구인지 확인하기로 했다.

수사의 진행 상황

1) 계획된 범행 아니면 우발적인 범행?

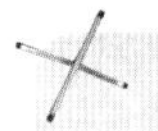

앤의 수사 노트

1) 계획된 범행?

- 문을 안으로 잠그고 도주한 점.
- 강간을 위장한 흔적이 있는 점.
- 계획을 하지 않으면 그곳까지 가기에 힘들다는 점. 즉, 계획적으로 유인하여 살해한 것으로 추정된다는 점.

2) 우발적 범행?

- 외진 곳이어서 면식범이 아니면 그곳으로 데려가기 힘들다는 점. 즉, 그곳에 같이 갔다가 우발적으로 범행이 이루어진 것으로 보인다는 점.
- 범행 과정에서 피해자가 반항하거나 소리를 지르지 않았다는 점(물론 듣지 못했을 가능성도 있음).

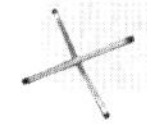

"큐, 그러면 이곳에 올 수 있는 사람이 누굴까? 공사장 인부 그리고 또 누구? 아마 범인은 가까운 곳에 있을 것 같아. 아주 가까운 곳에……."

"그래 내 생각도 같아. 분명히 이 근처에 사는 사람일 가능성이 커. 우연히 왔다가 사고가 난 것이 아닐까 생각되네. 아니면 공사장 인부가 우연히?"

수사상 우발적인 것인지 아니면 계획적인 것인지의 판단에 따라 수사의 방향이 완전히 달라지는데, 이를 판단하는 것조차도 매우 애매했다. 하지만 여러 가지 정황상 우발적인 범행의 가능성이 많은 것으로 보고 수사를 진행했다.

2) 수사의 진행 상황

정상종 수사관이 피해자의 휴대폰 통화 내역을 조사했다. 사건 당일의 통화 내역을 중심으로 파악한 결과 당시 피해자한테 여러 번 걸려온 전화 번호 중 피해자의 수첩에는 없는 번호가 있었다. 최근에 그 횟수가 더욱 많았고 사건이 난 날에도 전화 통화를 한 기록이 있었다. 그를 유력한 용의자로 보고 신원을 파악한 결과 그가 살고 있는 집을 알아낼 수 있었다. 그는 이웃 아파트에 사는 평범한 회사원이었다. 정상종 수사관 그리고 앤과 큐가 급히 달려갔다.

"정상대 씨 맞지요?"

"네 그렇습니다만, 누구시죠?"

"네, 수사관입니다. 뭐 좀 조사할 것이 있는데 협조해 주시겠습니까?"

그는 당황해하며 표정이 굳어지고 말을 더듬었다. 이에 틈을 주지 않고 큐가 질문을 이어갔다.

"이 앞의 아파트 공사장에 간 적이 있습니까?

"아니요, 제가 그곳에 갈 일이 있어야지요!"

"본 사람이 있는데요."

"네? 누, 누가 보았다고 하는 것입니까?"

능숙한 큐가 그의 자백을 받아내기 위해 슬쩍 넘겨짚는 질문을 했다.

그는 표정이 더욱 굳어지며 어쩔 줄을 몰라 했다.

"자, 이제 사실을 말하시죠."

"뭐를 말하라는 것인지요?"

"잘 아실 것 아닙니까!"

"아니오, 저는 모릅니다."

그는 입을 꾹 다물고 무엇인가 잠시 생각하더니 단호하게 모른다고 말했다.

"이 사람이 범인이 틀림없어! 맞는 것 같은데 증거가 없으니 어떡하지. 아, 참 곤란하네. 감정 결과를 기다릴 수밖에……. 단서가 안 나오면 큰일인데. 범인을 앞에다 놓고 풀어주는 꼴이 되는 것인데. 휴!"

약간 당황한 큐가 한숨을 쉬며 앤과 정상종 수사관에게 말했다.

감정 결과

부검을 하고 감정물이 의뢰된 지 약 10일이 지나서 감정 결과가 통보되었다.

결과를 듣고 앤이 임지현 박사에게 전화를 하였다.

"박사님 그러면 범인의 유전자형은 전혀 검출되지 않았나요?"

"네, 최선을 다했는데 범인의 것은 없었습니다. 짧은 머리카락에 기대를 많이 했는데 아마 인부들이 공사를 하면서 흘린 것 같습니다. 아참! 비밀 한 가지……."

임 박사가 말을 하다가 머뭇거렸다.

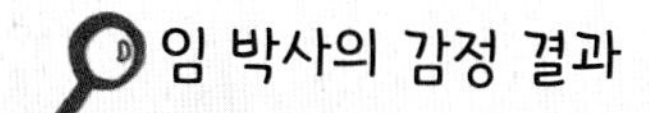

임 박사의 감정 결과

부검 결과

부검 결과 피해자의 사망 원인은 뇌출혈인 것으로 밝혀졌다. 어딘가에 머리가 세게 부딪쳐 내부에 출혈이 생겨 사망한 것이다. 사망 시기는 부패가 많이 진행됐음에도 불구하고 5일 전 피해자가 실종된 일요일 밤으로 추정된다. 실내이고 워낙 고온이었기 때문에 부패가 더욱 빨리 진행된 것으로 추정된다.

유전자 분석 결과,

피해자 몸에서 채취한 것은 대부분 피해자의 유전자형이 검출되었고 현장 바닥에서 채취된 혈흔 또한 피해자의 것이었다. 부검 시 채취한 손톱 및 질 내용물에서도 남성의 정액이 검출되지 않았다. 현장에서 채취한 머리카락은 현장 인부들의 머리카락인 것으로 밝혀졌다. 이들은 조사 결과 사건 당시 동료 직원들과 TV를 시청했던 것으로 확인되었다.

"네, 뭔데요?"

"어, 말하기는 그렇지만, 몸에서 채취한 시료 중 하나에서 큐 수사관의 유전자형이 검출되었어요."

"네! 그러면 큐가 범인!"

앤이 놀라는 표정으로 살짝 고개를 돌려 큐를 보며 다시 물었다.

"아마 너무 열심히 하다 큐 수사관의 땀이 그곳에 떨어진 줄 모르고 채취한 것 같아요."

임지현 박사가 중간에 설명을 하듯 말을 이어갔다.

"휴! 깜짝 놀랐습니다."

"워낙 실험 방법이 예민해서 땀 한 방울만 떨어져도 그 사람의 유전자형이 나올 수 있어요."

전화를 끊은 앤이 큐를 노려보며 다가섰다.

"큐 수사관님. 수사관님이 범인이라고 통보가 왔는데."

"무슨 그런 농담을."

"아냐, 그 시신에서 채취된 것 중 하나에서 큐 수사관님의 유전자형이 검출되었다고 하는데."

"말도 안 돼. 바쁜데 그런 농담하지 말고 빨리 일이나 해."

큐가 약간 신경질적으로 말을 했다.

"진짜예요. 피해자 몸에서 채취한 것 중 하나에서 큐의 유전자형이 검출되었다고 하는데. 오염 여부를 검사하던 중 수사관 데이터베이스에서 같은 사람이 검출되었는데 그것이 바로 큐라고 말이야."

앤이 약을 올리듯 말의 끝에 힘을 주며 말했다.

"아! 그때가 너무 더웠었지? 그때인가 보다. 그……."

큐가 한참을 생각하다 다시 말을 이어갔다.

"그러니까 그때 땀이 비 오듯 쏟아졌잖아. 아마 그때 내 땀이 떨어진 것 같아. 나도 전혀 몰랐는데. 큰 실수했구나."

"그러니까 조심해야지."

"아! 이런 실수를 하다니. 정말 죄송합니다. 정말 현장에서는 모든 것을 생각해서 너무 급하게 접근하면 안 될 것 같아."

큐가 머리를 긁적이며 말했다.

"현장에서는 그렇게 머리를 긁적여도 안 돼."

"크! 맞아. 하여튼 내가 잘못했어. 다음에는 이런 일이 없을 거야."

"그러나 저러나 용의자를 알 수 있는 단서가 아무것도 없으니 큰 일이야. 뭐 조금만 나와도 그 사람하고 맞춰보면 되는데 아무것도 없으니."

"그래도 다시 시작하는 마음으로 용의자를 다시 한 번 조사하고 현장 주변을 조사하자고. 혹시 그 공사 현장 CCTV 조사해 보았어?"

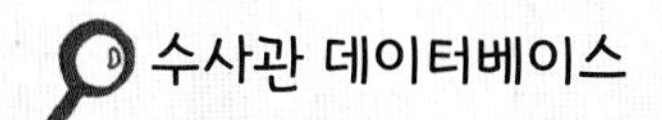

현재 유전자 분석 실험실에서는 오염 문제가 심각하기 때문에 혹시 있을 오염에 대비하여 실험자 및 수사관들의 데이터베이스를 구축해 놓고 있다. 즉, 실험 과정 및 수사 과정에서 증거물에 실험자 및 수사관의 시료가 섞여 들어갈 수 있기 때문에 실험이 끝난 후에는 반드시 오염 여부를 확인하기 위해 혹시 이들의 유전자형이 검출되는지 여부를 확인한다.

큐가 무엇인가를 만회하려는 듯 얘기했다.

"어, 누군가 그 시간에 왔다갔는데 옆모습이 찍혀서 누구인지를 알 수가 없었어."

결정적 단서

검거된 용의자에 대한 증거 확보에 나섰다. 용의자가 입고 있던 옷과 신발 등에서 혈흔 검출 실험을 실시했지만 모두 혈흔 반응 음성으로 나왔다. 수사관은 난감하지 않을 수 없었다. 확실한 증거도 없이 용의자를 마냥 붙잡아 놓고 수사할 수도 없는 일이고, 그리고 너무나도 태연한 그의 모습이 전혀 범인 같다는 생각이 들지 않았다. 수사는 답보 상태를 걷고 있었다.

"앤, 그 기록을 다시 볼 수 있어?"

"물론 볼 수 있지."

큐가 기록된 영상을 보던 중 말했다.

"앤, 저 청바지가 그 용의자 집에 있는지 확인하면 될 것 아냐?"

"저 청바지로 어떻게?"

"어, 내가 전에 청바지를

가지고 범인을 잡았다는 얘기를 들은 적이 있어. 청바지 옆에 보면 하얗게 닳은 부분을 발견할 수 있을 거야. 그것이 사람마다 습관에 따라 다르게 나타난다고 하더라고. 아까 그 화면에서도 비교적 잘 나왔어."

"그럴 수도 있겠다. 사람마다 키도 다르고 생활 습관이 모두 다르니까 그 모양도 다르게 나타날 수 있겠지."

"정상대 씨 집에 가서 청바지가 있는지 확인해 보자."

큐가 눈을 크게 뜨며 앤에게 가까이 다가서며 말했다.

앤과 큐가 다시 그 용의자의 집으로 갔다.

"아! 수사관님 어떻게 오셨습니까. 제가 범인이 아니라는 것이 드러났군요."

정상대 씨가 먼저 큐와 앤에게 차분하게 말을 건넸다.

"정상대 씨, 혹시 청바지 입으신 적 있으신가요. 최근에."

큐가 그의 눈을 똑바로 쳐다보며 약간 힘을 주어 말했다.

"네! 입은 적은 있습니다만."

그는 매우 당황스러운 듯 말을 짤막하게 대답했다.

"그 청바지를 조사해야겠습니다."

"네! 청바지를요! 저를 조사해야지, 왜 청바지를 조사합니까? 깨끗한 청바지를 뭐하려고 그러십니까?"

청바지는 최근에 세탁을 한 듯 깨끗해 보였다. 눈으로 보아서는 혈흔이라고는 전혀 발견할 수 없었다.

"만약에 그곳에서 죽은 사람의 혈흔이 검출되면 모든 것을 인정하겠습니다. 아니면 저는 범인이 아닌 것이죠?"

그는 처음과는 다르게 오히려 큐를 몰아세웠다.

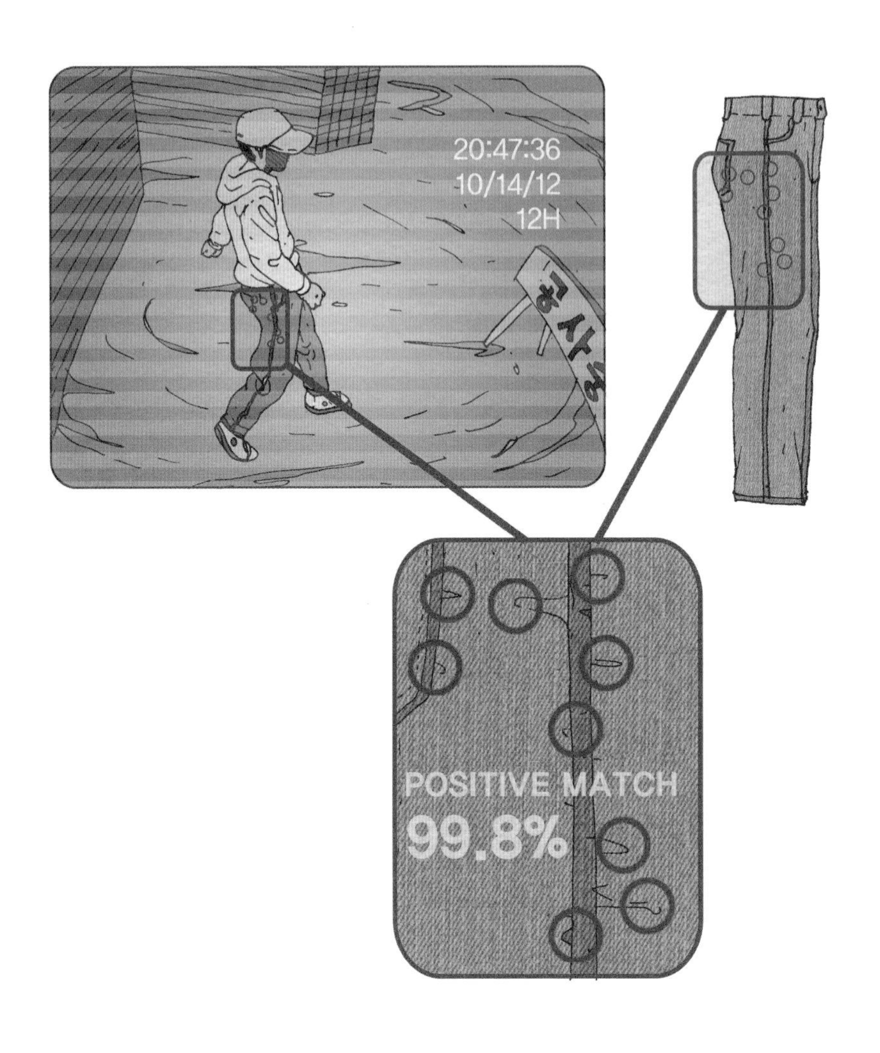

큐와 앤은 옷장에서 그가 입었다고 전해 준 청바지 외에 다른 청바지 하나도 같이 수거하였다. 그리고 청바지가 현장의 CCTV에 찍힌 영상 자료의 청바지와 같은 것인지 알아보기 위하여 국립과학수사연구원에 의뢰했다.

며칠이 지나서 감정 결과가 통보되었다. 감정서를 보던 큐가 흥분하며 영상 감정 전문가인 이장현 박사에게 전화를 했다.

"이 박사님, 그러면 그 사람이 범인이 맞다는 것이지요?"

"보내신 청바지하고 영상의 청바지 지문을 비교했는데요, 정확하게 일치했습니다. 다른 청바지라면 이렇게 일치하기는 힘들 것입니다. 청바지 지문이 처음 들어보시는 용어일 수도 있지만, 외국에서는 실제 사건에 적용되어 사건을 해결하는 데 결정적인 역할을 한 경우가 꽤 있었어요. 청바지 지문은 사용한 사람마다 다르기 때문에 선명한 영상만 있으면 매우 정확하다고 할 수 있습니다."

"네, 감사합니다. 제가 잘 몰라서 여쭤봤습니다."

전화를 급하게 끊은 큐가 다시 앤에게 말했다.

"자, 이제 빨리 정상대 씨를 범인으로 체포해야겠어."

"큐가 큰 실수를 하더니 사건을 해결하는 데 결정적인 일을 했네."

"뭘 이것 가지고 그래."

큐가 어깨를 으쓱대며 말했다.

드러나는 사실들

큐와 앤이 그의 집으로 가서 정상대 씨를 체포하였다.

"정상대 씨 당신의 청바지와 현장에 있던 CCTV에 찍힌 영상의 청바지가 정확하게 일치하는 것으로 나왔어요. 자 이제 진실을 말하세요."

"무슨 말씀이십니까? 그 청바지를 입는 사람이 한두 명도 아닌데 왜 제가 범인이라는 것입니까? 무슨 피해자의 혈흔이라도 검출되었다는 것인가요?"

용의자는 큐를 조롱하듯 쳐다보며 말했다.

"정상대 씨! 정말 끝까지 오리발이시네요. 사람을 죽여 놓고 이렇게 뻔뻔해도 되는 것입니까? 정말……."

화가 난 듯 큐가 말을 잇지 못하고 그를 노려봤다.

"그 청바지 옆의 무늬 있지요! 그 무늬하고 CCTV의 영상과 정확하게 일치했어요. 이제 사실을 말하세요."

"후유! 네, 말씀드리겠습니다."

한숨을 몰아쉬던 그가 고개를 떨어뜨리며 말을 이어갔다.

"봄엔가 그녀를 우연히 보았습니다. 그 이후 그녀를 짝사랑하게 되었습니다. 어떻게 해서 그녀의 전화번호를 알 수 있었습니다. 그리고 전화를 했습니다. 하지만 그녀는 두말 않고 끊어버렸습니다. 그렇게 계속 그녀를 만나려고 시도를 했는데 그녀는 피하기만 했습니다. 그런데 그날이 있기 일주일 전에 그녀를 만날 수 있었습니다. 하지만 그것이……."

"네, 그래서요."

"그것이 그녀의 마지막 통보일 줄은 몰랐습니다. 그녀는 앞으로 계속 이러면 경찰에 신고하겠다는 말만 남기고 도망치듯 갔습니다. 너무 화가 났습니다. 그리고 그날 또 만날 수 있었습니다. 제가 마지막으로 만나자고 했거든요."

"그런데 어째서."

"네, 조용한 데서 얘기하자고 아파트 공사장 옆에서 보자고 했습니다. 인부들이 있어서 약간 안쪽으로 들어갔습니다. 얼마 동안 얘기를 하다 인부가 지나가는 것 같아 아무 문이나 열고 들어갔습니다. 거기서 그만 제가 미쳤었나 봅니다. 흑! 흑!"

그가 눈물을 닦으며 다시 말을 이어갔다.

"제가, 그만. 갑자기 확 정신이 나가서요. 같은 공간에 있다 보니까 묘한 생각이 들더군요. 그리고 그녀를 어떻게 하려고 한 것은 아닌데 그녀가 도망치려 해서 팔을 잡았습니다. 거기서 실랑이를 하다가 그만……. 너무 순식간에 일어나서 저도 제가 어떻게 했는지 모르겠습니다."

"그러다 사고가 났군요?"

"네, 정신이 없었지만 문득 성범죄로 위장해야겠다는 생각이 들어 바지와 상의를 약간 벗겨 놓고 문을 안으로 잠그고 도망쳤습니다. 죄송합니다! 죄송합니다!"

그는 연신 고개를 숙이며 용서를 빌었지만 이미 모든 것이 끝난 뒤였다. 순간적인 실수가 영원히 씻을 수 없는 엄청난 범죄가 되고 말았다.

청바지 지문

청바지 지문은 청바지의 옆줄에 바코드처럼 생긴 것으로 생활 습관 등에 따라 그 모양이 모두 달라 유전자 지문과 같다 하여 청바지 지문이라 한다.

청바지 지문에 관한 범죄 수사의 응용은 우리나라에서는 아직 적용된 적이 없으나, 외국에서는 청바지 지문이 결정적 단서가 되어 범인을 검거한 예들이 있다. 청바지 지문은 카메라 등에 찍힌 범인의 청바지 옆줄 모양과 용의자가 소유하고 있는 청바지의 옆줄 모양을 비교하여 동일성 여부를 판단한다. 청바지 지문은 모든 사람이 다 달라서 우연히 일치할 확률이 거의 없다고 한다. 하지만 선명한 사진이 있어야 비교가 가능하다.

청바지 무늬 분석

1998년 미국연방수사국(FBI)은 은행 강도의 청바지를 분석해 범인을 검거했다. 청바지에도 사람의 지문이나 발자국처럼 고유의 특징이 있다. FBI 보고서에 따르면 옷감이 겹치는 솔기나 끝단에는 골이 생기게 되는데 튀어나온 부분은 물감이 빠져 하얗게 바래고 골진 부분은 푸른색이 남아 있게 돼 이것이 일정한 물결무늬를 형성하게 된다. 따라서 이 물결과 물결 사이의 거리를 계산해 상품의 바코드처럼 그래프로 그린 뒤 이를 다른 청바지와 대조하여 용의자가 입고 있던 청바지와 똑같은 특징이 나타난 것을 확인해 범인을 잡을 수 있었다는 것. 당시 범인이 입고 있던 청바지에는 20여 가지의 독특한 특징이 있었다.

FBI는 청바지 외에 다른 물건도 이러한 특징이 있을 것으로 보고 연구를 진행 중이라고 한다.

15 : 47 : 36
05/14/06
12H
Ni:Kon
사과
1
2

15:47:36
05/14/06
12H
CASE 3
영아 살해·유기범을 잡아라!

사건 주요 내용

한 외국인의 집 냉동고에서 영아 두 명의 시신이 발견되어 신고되었다. 집주인은 휴가를 갔다 와서 냉동고를 열어 보니 영아의 시신이 있었다고 했다. 그는 부인이 애를 가진 적도 없다고 했으며, 그의 주변을 수사한 결과 누구도 그의 부인이 임신한 것을 본 적이 없다고 했다. 유전자 분석 결과 집주인이 사망한 영아 2명의 아버지로 밝혀졌다. 하지만 그 사이에 그는 출국해 버렸고 가족들은 그 전에 이미 출국한 상태였다. 과연 두 영아의 어머니를 어떻게 밝힐 수 있었을까?

사건의 발생

중년의 한 남성이 과학수사반을 찾아왔다. 그는 주위를 두리번거리다 앤에게 다가가 말했다.

"저! 친구가 있는데……."

그는 머뭇거리며 말을 멈추고 다시 나가려고 했다.

앤이 무엇인가 있다는 것을 직감하고 머뭇거리며 나가려고 하는 이 중년 남성에게 말했다.

"네, 말씀하세요. 하실 말씀이 있으신 것 같은데. 괜찮습니다. 선생님이 말한 것은 절대로 비밀이 보장됩니다. 네, 그 친구가요?"

"아니요! 친구 집에서 이상한 것을 보았습니다. 냉동고에 사람이 있습니다."

"네! 무슨 소리입니까? 냉동고에 웬 사람이 있다는 것이지요?"

앤이 놀라며 물었다.

"친구의 가족들이 3주 동안 휴가를 갔다 와서 냉동고를 열었는데 검은색 비닐에 무엇인가 있어서 열어보았더니 글쎄……. 누군가 집에다 영아 시신을 갖다 놓았다고 합니다. 그래서 자기는 지금 정신이 없으니 대신 신고를 해달라고 해서 이렇게 왔습니다."

앤이 너무 놀라 믿을 수 없다는 표정을 지었다. 상상할 수도 없는 사건이었기 때문이었다.

"그 친구는 프랑스인입니다. 같은 회사에서 근무하고 동네도 비슷해서 자주 만났습니다."

"가정집에 영아 시신이? 그것도 두 명씩이나! 도대체 이해가 가지 않아. 이게 있을 수 있는 일인가?"

앤이 혼자말로 중얼거리며 팔짱을 낀 채 사무실을 왔다 갔다 했다. 그리고 큐에게 말했다.

"큐, 외국인이 사는 집인데 냉동고에서 영아 시신이 두 구씩이나 발견되었다고 하네."

"뭐! 무슨 소리야. 냉동고에 무슨 시체가. 무슨 공포영화도 아니고. 거짓 신고 아냐? 그 사람 표정하고 행동을 잘 살펴봐. 아무래도 이상해."

"아냐, 거짓 신고는 아닌 것 같고 뭔가 있는 것 같아."

"실제로 영아 시신이 있는지 확인하고 집주인을 빨리 조사를 해야겠어. 왜 자신이 신고하지 않고 친구를 통해 했을까? 참, 이해가 안 가네."

앤과 큐 그리고 권철연 수사관은 황급하게 영아가 발견되었다는 집으로 가서 그 외국인을 만났다. 그는 프랑스 국적으로 한국에서 사업차 십 년째 머무르고 있었다. 그는 매우 불안하고 초조해 보였다.

"영아 시신이 언제, 어디서 발견되었습니까?"

앤이 외국인에게 물었다.

"가족들이 휴가를 갔다 왔는데 그 사이에 우리도 모르게 누군가 갖다 놓은 것 같습니다. 집은 가정부가 지키고 있었습니다."

그 프랑스인은 서툰 한국말로 대답했다. 자신들이 집을 비운 사이에 누군가 갖다 놓았고 자신은 전혀 알지 못했다는 것이었다. 그의 목소리는 매우 떨렸고 행동도 매우 부자연스러웠다.

"큐, 저 사람 왜 저렇게 불안해하고 어쩔 줄 모르지?"

앤이 조용하게 큐에게 말했다.

"큐, 아무래도 확인을 위해 저 사람 구강 시료를 채취해 놓는 것이 좋을 것 같아."

"그래, 내 생각도 그래. 행동도 이상하고 이 사건과 뭔가 관련이 있는 거 같아."

큐가 외국인의 구강 시료를 채취하는 동안 앤과 권철연 수사관이 문제의 냉동고의 문을 열었다. 그곳에는 무엇인가가 수건에 싸여 있었다. 분명히 사람의 형체를 하고 있었다. 조심스럽게 바닥으로 내려 수건을 열자 영아의 시신

이 눈에 들어왔다.

"어떻게 이런 일이!"

두 명이 합창을 하듯 말하고 그곳에서 일제히 한 발작 물러섰다. 나머지 한 구도 내려졌다. 이것은 조금 전의 영아 시신보다 좀 더 부패해 있었다.

"자, 빨리 이 시신을 부검해서 정확한 사망 원인을 알아야 할 것 같아요."

앤이 적극적으로 다가서서 천천히 시신을 수건에서 분리하였다. 바로 영아 시신이 국립과학수사연구원 부검실로 옮겨졌다. 영아는 탯줄이 달린 채였으며 잘린 탯줄의 면이 매우 거칠었다.

"누가 낳은 애이며 왜 이곳에 옮겨놓았을까? 아니면……. 참 이상하네. 도저히 이해가 가질 않아."

앤이 고개를 갸우뚱거리며 말을 했다.

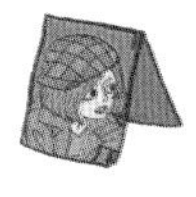

영아들의 부검 및 현장수사

사망한 영아는 얼어 버린 상태라서 바로 부검을 할 수 없었기 때문에 녹을 때까지 하루를 기다려야 했다. 부검 결과, 탯줄이 불규칙하게 잘려 있었기 때문에 병원에서 정상적으로 출생된 아이는 아닌 것으로 보였고 영아들의 폐에 공기가 들어찬 것을 볼 때, 출생한 이후 숨진 것이라 했다. 누군가 애를 낳은 뒤 사망에 이르게 하고 그곳에 놓은 것으로 추정됐다.

"앤, 한 달 동안 누가 그 집에 들어갔었는지 조사하자. 집 근처의 CCTV 기록을 확보하고 집 안에도 다른 흔적이 있는지 정밀하게 조사를 해야겠어. 그리고 부검 동안 채취한 시료하고 그 집주인하고 친자 관계가 맞는지도 빨리 확인해 달라고 부탁해야겠어."

"그래, 맞아. 그 집주인과의 관련성 여부를 가능한 빨리 확인해야 할 것 같아. 너무 급하게 하는 것이 안 좋기는 한데 그래도 어쩔 수 없어. 언론에서도 엽기적인 사건이라고 많이 신경을 쓰는 것 같아. 참 부담스럽네."

큐와 앤 그리고 권 수사관은 부검이 끝나는 대로 유전자 감식 센터에 들러 부탁을 하고 바로 그 외국인의 집으로 향했다. 집에는 집주인인 프랑스인은 없었고 낯선 여성이 문을 열어 주었다. 그녀는 필리핀에서 왔으며 집을 관리하고 가정 일을 도와주고 있다고 했다.

공기가 들어 찬 폐를 구별하는 방법

출생 후에 사망했는지 또는 출생 전에 사망했는지를 확인하기 위해서는 폐에 공기가 들어갔는지 여부로 판단한다. 사산아 즉, 사망한 채로 출산할 경우 호흡을 하지 않았기 때문에 폐에 공기가 차 있지 않으나 출산한 후 사망한 경우 태어나면서 호흡을 하기 때문에 폐에 공기가 들어 차게 된다. 이러한 경우 부검을 하여 폐가 물에 뜨는지 여부로 간단하게 판단할 수 있다. 즉, 폐에 공기가 차 있으면 물에 뜨지만 그렇지 않으면 가라앉는 것이다.

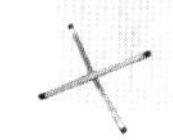

“집주인 장 콕 씨는 어디로 갔습니까?”

“네, 출장 갔습니다.”

동남아시아계의 여성이 서툰 한국말로 대답을 했다.

“어! 출장? 그럼 출국했다는 말인가? 아! 어떡하지?”

“그러게! 난감하네. 다행이 구강 시료를 채취하긴 했지만…….”

앤과 큐가 집에 대한 조사를 진행했다. 영아 시신이 발견된 부분을 중심으로 혈흔이 검출되는지를 실험했지만 혈흔은 전혀 검출되지 않았다. 아무런 증거를 찾지 못하자 앤과 큐는 난감해 하며 가정부에게 묻기 시작했다.

“혹시, 이 사실을 알고 계십니까?”

“네, 무슨 사실이요?”

그는 그 사이에 일어난 사실을 전혀 모른다는 듯이 대답을 했다. 할 수 없이 그 동안의 상황을 설명하며 수사에 협조해 줄 것을 요구했다.

“어떻게 그런 일이 있을까요? 저는 전혀 모르는 일입니다.”

그녀는 실제로 그 동안의 사실을 전혀 모르는 것 같았다.

“혹시 부인 베르나르 씨가 임신한 것을 본 적이 있는지요?”

앤이 가정부에게 물었다.

“아니오, 전혀 본 적이 없습니다. 부인은 임신한 적도 없었고요. 남편도 거의 얼굴을 본 적이 없습니다. 일주일에 한두 번 들어오는데 그마저도 늦게 들어와서…….”

앤이 난감하다는 듯 자신의 얼굴을 여러 차례 쓸어내리며 생각에 잠겼다.

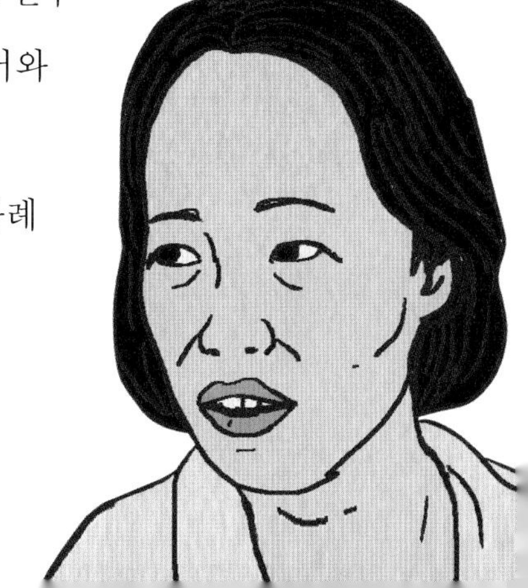

"남편도 부인이 임신한 사실이 없다고 하고 가정부도 본 적이 없다고 하니, 그럼 진짜로 누군가 애기를 낳아서 갖다 놓았나? 아니야. 그럴 리가. 한 명은 상당히 오래된 것 같았는데. 말이 안 맞아. 그러면 가정부와 장 콕 씨 사이에 난 아이들? 그것도 있을 수 없는 일이고."

앤이 이런 저런 생각을 하는 동안 큐가 집 안에 대한 조사를 시작했다. 영아가 그 집에서 출산된 것인지를 확인하기 위해서 현장에서 혈흔이 있는지 여부를 실험하고 혹시 증거가 될 만한 모발, 걸레 등을 수거하였다. 그리고 실제로 외부에서 침입한 사람이 냉장고의 손잡이를 사용해서 문을 열었을 것 같아서 지문을 채취하려 했지만 실패하였다.

권철연 수사관은 주변 사람들에 대한 조사와 CCTV 검사를 진행했다. 녹화 기록이 어느 정도 시간이 지나면 덮어 쓰는 방식이어서 기록이 이미 다 지워지고 없는 상황이었다. 그리고 이웃에 사는 사람들과 장 콕 씨를 아는 사람들에 대한 조사에 들어갔다. 이들 모두가 한결같이 장 콕 씨의 부인이 임신한 것을 본 적이 없다고 진술했다.

그러면 누가 두 영아를 죽여서 남의 집에다 유기를 했단 말인가? 사건은 갈수록 의혹투성이였다. 상식적으로는 도저히 이해되지 않는 일들이 많았기 때문이다.

영아 2명 그리고 아버지

국과수에 의뢰를 한 지 이틀 만에 부검 시 사망한 영아 2명에서 채취한 조직과 장 콕 씨의 구강 채취물 그리고 현장에서 채취한 증거물들에 대한 분석 결과가 나왔다. 사건의 긴급성으로 분석이 신속하게 이루어져 결과가 통보된 것이었다.

결과는 너무나도 놀라웠다. 도저히 믿어지지 않는 결과였다.

"임 박사님. 결과가 나왔습니까?"

"네! 먼저 영아 2명에 대한 Y-STR 및 미토콘드리아 DNA 분석 결과 같은 유전자형이 검출되었습니다. 이 결과는 두 명이 모두 같은 아버지와 어머니가 낳은 자식이라는 뜻입니다. 그리고 장 콕 씨의 유전자형과 비교한 결과 아버지와 아들 관계가 성립되었습니다. 이 영아들은 장 콕 씨와 어떤 여자 사이에서 출산된 아이들이 틀림없습니다. 그리고 집 안에서 채취한 것들에서는 별다른 결과를 얻지 못했습니다."

"박사님, 장 콕 씨가 두 영아의 아버지가 확실합니까?"

큐가 믿기지 않는다며 재차 확인하며 물었다.

어느 정도 의심은 했지만 도저히 믿기지 않는 결과였다. 주변 인물들의 진술 내용하고도 상반되는 내용이었다.

"네, 확실합니다. 이 사건은 국제적인 이목이 있고 언론들이 주목하고 있기 때문에 더욱 신경을 썼습니다. 그리고 유전자 분석은 철저하게 품질 관리를 하고 있기 때문에 절대로 실수할 수는 없습니다. 100% 확신합니다."

임지현 박사가 힘주어 말했다.

"그럼 박사님, 쌍둥이가 맞습니까?"

"영아 시체의 상태로 보아서는 아닌 것 같은데요. 유전자 분석 결과 두 영아의 아버지와 어머니가 같다는 것은 확실합니다."

"어쩐지, 그 친구의 행동이 부자연스럽더라니. 에구, 출국하기 전에 미리 자세하게 조사를 했어야 했는데. 이제 와서 할 수 없지."

큐가 혼잣말을 이어가며 어떻게 해야 할지 고민하고 있었다.

아버지가 밝혀졌지만, 누가 이 두 영아의 어머니인지를 밝혀야 하는 매우 중요한 문제가 남았다. 장 콕 씨의 부인이 임신한 적이 없다고 장 콕 씨와 가정부가 이야기했기 때문에 수사를 좀 더 광범위하게 가져가야 했다. 과연 어머니는 누구일까? 가정부? 장 콕 씨가 만났다는 여자? 연일 언론에서는 이 사건과 관련된 내용을 비중 있게 보도했다.

어머니를 밝혀라

하지만 장 콕 씨의 부인과 아들이 모두 출국해 버려 직접적으로 어머니와 비교할 수 있는 방법이 없었다. 한편 장 콕 씨는 한국 언론이 자신이 두 유기된 영아의 아버지라고 보도한 데 대해 불쾌함을 드러내며, 자신은 분명히 두 영아의 아버지가 아님을 재차 주장했다. 언론들도 이러한 내용을 신속하게 보도하며 혹시 국과수의 감정에 이상이 있는 것은 아닌가 하는 의구심을 드러냈다. 혹시나 하여 가정부가 관련성이 있는지 확인하기 위해 가정부의 구강 세포도 채취하여 국과수로 의뢰하였다.

큐가 감정물을 의뢰하며 다시 임지현 박사에게 전화를 하였다.

"박사님, 참 난감한 상황인데요. 아버지가 장 콕 씨라는 것이 밝혀지긴 했지만 더 중요한 것이 남았습니다. 어머니가 누구인지 확인할 방법이 없습니다. 장 콕 씨의 주변을 조사해서 그가 만났던 여성들도 모두 의뢰할까 합니다."

"네, 어려운 것은 알겠는데요. 어머니라!"

임지현 박사가 무엇을 생각하는 듯 멈칫거리며 말을 멈췄다. 그리고 다시 말을 이어갔다.

"혹시 탯줄이 남아 있나 모르겠습니다. 가끔 영아 변사와 관련하여 탯줄이 의뢰되고는 하는데 분석을 해 보면 어머니의 유전자형이 검출되는 경우가 많거든요. 혹시 이 경우도 탯줄이 있으면 어머니의 유전자형을 알 수 있지 않을까요."

"있었던 것 같은데요. 네, 알아보겠습니다."

임지현 박사가 계속 말을 이어갔다.

"그리고 혹시 모르니까 집에서 쓰던 물건들이 있으면 수거해서 분석을 해 보지요. 가족들이 쓰던 것을 분석하면 영아와의 가족 관계를 확실하게 알 수 있을 것 같습니다. 장 콕 씨의 부인도 두 영아의 어머니일 가능성도 있고요. 만약에 어머니가 아니라면 조사 대상에서 뺄 수 있지 않을까 싶습니다."

"네 알겠습니다."

한참 설명을 듣고 난 큐가 사건을 해결할 수 있는 실마리를 잡았다는 듯 신이 나서 앤에게 다가가 말했다.

"앤, 죽은 영아들 탯줄 있었지. 그거하고 집 안에서 가족들이 쓰던 물건을 수집하러 가야겠어. 내가 탯줄을 채취하고 앤이 집에 가서 가족들이 쓰던 물건을 채취해서 국과수에서 만나자. 아참 그리고 장 콕 씨가 만났던 여자들도 구강 세포를 채취해서 가져왔으면 해."

"큐! 그런데, 집에 있다고 해서 가족이 썼다고 단정할 수는 없지 않을까? 나중에 혹시 맞는 것으로 나와도 그것이 그 사람이 쓴 것이라고 증명할 방법이 없잖아."

"그래도 거기서 무엇인가 단서를 얻을 수 있지 않을까? 일단 수거해서 의뢰를 하는 것이 좋을 것 같아."

"그래, 그럼. 그렇게 하지 뭐."

 생활용품에서 얻은 유전자 분석 결과

큐가 병원 영안실에 영아 시체와 같이 있던 두 영아의 탯줄을 수거하였고, 앤은 집 안에서 가족들이 사용했던 칫솔, 귀이개, 빗 등과 몇 명의 여성의 구강 세포를 채취해서 국과수로 향했다. 둘은 거의 비슷하게 국과수에 도착하여 임지현 박사를 만났다.

"박사님 말씀하신 탯줄하고 가족들이 쓰던 것으로 보이는 생활용품들입니다. 각자 쓰던 방하고 화장실에서 수거해 온 것들입니다. 여기서 뭐가 나올까요. 전혀 흔적이 보이지도 않는데요."

"글쎄요 실험을 해 봐야 하는데요. 최선을 다해 보겠습니다."

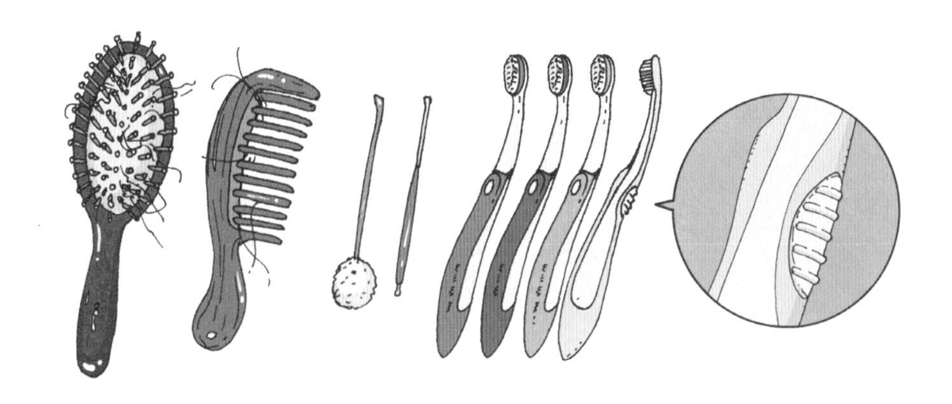

임지현 박사가 장갑을 끼고 가져간 증거물을 이리 저리 한참을 살피며 생각을 하였다.

“대개는 칫솔, 귀이개, 빗 같은 것에서는 유전자 분석이 불가능한 것으로 생각하기 쉽습니다. 하지만 매번 닦는 이러한 물건에서도 사용한 사람의 구강 세포, 손바닥 세포 등이 묻어 있어 유전자 분석이 가능합니다.”

“음…….”

“칫솔은 대개 자기의 것이 정해져 있어 자신의 것만 쓰는데 빗 같은 것들은 여러 사람이 같이 쓰는 경우가 많기 때문에 여러 명의 유전자형이 혼합되어 검출될 수도 있어요. 이러한 가능성을 감안해서 번거롭지만 여러 부위를 채취해서 실험을 하려고 합니다. 칫솔의 경우 손잡이, 손잡이의 홈, 칫솔 모, 칫솔 모의 밑 부분 등 여러 부위로 나누어 채취하는 것입니다. 왜냐하면 손잡이에서는 최근에 사용한 사람의 유전자형이 검출될 것이고, 홈 같은 곳에서는 세포가 쌓이기 때문에 오랫동안 사용한 사람의 유전자형이 검출될 것이기 때문입니다. 빗도 마찬가지입니다.”

"와! 역시 박사님입니다! 실험이 잘 될 것 같습니다."

어머니는 누구일까?

수사관들은 계속 장 콕 씨의 주변 인물들에 대한 수사를 진행하며, 이번 사건을 해결하는 데 결정적인 역할을 할 수 있는 감정 결과에 많은 기대를 하고 있었다. 앤과 큐도 초조하게 결과를 기다리고 있었다. 감정 결과에 따라 이 사건이 미궁에 빠질 수도 있는 상황이기 때문이다. 결정적으로 비교해야 할 대상이 없었으므로, 수사 결과에 따라서는 매우 광범위하고 많은 시간이 필요할 수도 있었다. 장 콕 씨가 만난 모든 사람을 수상 선상에 올려놓고 증명해 나가야 하기 때문이다.

"과연 어머니는 누구일까요? 사건을 해결하는 데 가장 중요한 것이라 정말 궁금합니다."

앤이 수사관들에게 말했다.

"그러게요, 일단 저는 가정부일 가능성이 가장 크다고 봅니다. 장 콕 씨의 부인이 프랑스에 상당히 오랜 기간 머무른 적이 많았고 가정부가 몇 년 동안 그 집에서 살림을 도맡아 왔기 때문입니다. 그리고 결정적으로 그 집은 방범이 잘 되어 있어 카드가 없는 다른 사람은 들어갈 수 없었기 때문입니다."

"저는 다르게 생각해요. 가정부가 낳은 아이라면 부인이 분명 알았을 텐데 냉동고에 넣어두고 있겠습니까? 그 남자가 만났던 여자 중에 한 명이 복수를 한 것은 아닐까요? 그 사람에게는 카드를 주어 몰래 들어갈 수 있었을지도 모릅니다."

"아니면 그 부인! 밖에서 들어간 사람이 없다면 부인밖에 없지 않을까요."

"그럴 리는 없겠지요. 주위 사람들이 다 증언했잖아요. 가정부도 임신한 것을 본 적이 없다고 분명히 얘기했고요."

"에구! 그럼 누굴까요. 정말 모를 일이네요. 일단 결과가 나오거든 다시 얘기하시지요."

이렇게 한참을 수사관들끼리 말을 이어갔다. 하지만 결론은 없었다. 결과가 나오면 그때 정확한 판단을 해야 했다.

기다리던 유전자 분석 결과가 나왔다. 임지현 박사가 설명을 위해 직접 큐에게 전화를 하였다.

"네, 박사님. 결과가 나왔습니까?"

"네, 결과가 나왔습니다. 분석한 결과는 많았습니다. 매우 어렵게 결과를 얻을 수 있었습니다. 처음에는 증거물에서 몇 군데를 채취해서 실험을 했는데, 장 콕 씨의 유전자형을 확인하였고 그리고 영아 2명과 가족 관계가 성립되는 여성의 유전자형을 찾아낼 수 있었습니다. 가정부하고 여성 4명은 영아 2명하고는 전혀 관련이 없는 사람이었습니다."

"그러면 결국 확정을 지을 수 없다는 말씀이지요. 가정에서 쓰던 것이라고 해도 그것이 누가 쓴 것인지를 확인할 방법이 없지 않습니까?"

임 박사의 감정 결과

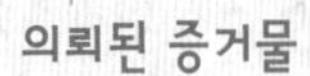

의뢰된 증거물

1. 빗 2점
2. 귀이개 2점
3. 칫솔 4점
4. 가정부 구강채취물, 여성 4명의 구강채취물

감정 결과

1. 빗 1과 귀이개 1에서 남성의 유전자형이 검출되었고 장 콕 씨의 유전자형과 일치하였다. 영아 2명과 부자(아버지-아들) 관계가 성립되었다.
2. 빗 2와 귀이개 2에서 여성의 유전자형이 검출되었고 영아 2명과 모자(어머니-아들) 관계가 성립되었다. 즉, 이 유전자형을 갖는 사람이 두 유기된 영아의 어머니라는 것이다.
3. 칫솔 3에서 남성의 유전자형이 검출되었으며, 영아 2명과 형제 관계가 성립되었다. 또한 빗2와 귀이개 2에서 검출된 여성의 유전자형과 가족 관계가 성립되었다. 장 콕 씨와도 가족 관계가 성립되었다.
4. 칫솔 4에서 여성의 유전자형이 검출되었으며 빗 2 및 귀이개 2에서 검출된 여성의 유전자형과는 다르다.
5. 가정부 및 여성 4명의 유전자형은 빗 2 및 귀이개 2에서 검출된 여성 유전자형과 달랐다. 영아 2명과 모두 가족 관계가 성립되지 않았다.

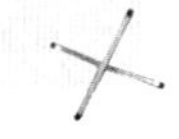

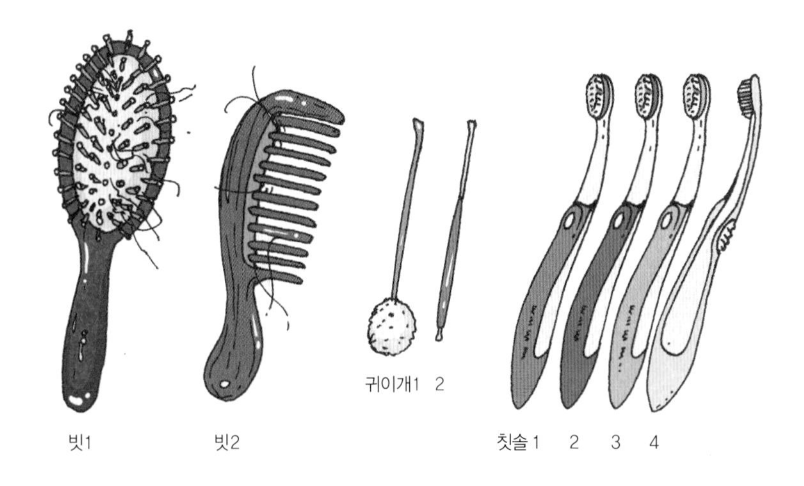

"네, 증거물에서 더욱 더 세분해서 실험을 했습니다. 그래서 분석 시간이 더 걸렸던 것이지요. 그렇게 해서 얻을 수 있었던 것이 칫솔 3에서 얻은 남성의 유전자형입니다."

"네, 그 남성의 유전자형이요. 글쎄요. 그것이 누구인지를 확인할 방법이 없을 듯한데요."

"네, 물론이지요. 하지만 연구실에서는 여러 가지 데이터를 놓고 퍼즐 맞추듯이 맞춰 보았습니다. 그랬더니 칫솔의 홈 부분에서 검출된 유전자형이 영아 2명 그리고 장 콕 씨 및 다른 칫솔에서 찾은 여성의 유전자형하고 모두 가족 관계가 성립되었습니다. 이제 금방 이해가 가시겠지요? 결론은 간단하지만 사실 여러 가지 데이터를 놓고 고심에 고심을 했습니다."

"네! 그러면 칫솔에서 검출된 유전자형은 살아 있는 가족 중 한 명의 것이겠군요."

"네, 바로 장 콕 씨와 부인 사이에 낳은 아들의 것이었습니다. 거꾸로 생각하면 살아 있는 자식의 어머니는 장 콕 씨의 부인밖에 없고요,

영아 2명과 형제 관계가 성립되니까 결국 영아 2명의 어머니는 장 콕 씨의 부인이 될 수밖에 없지요."

"네, 이제 이해가 갑니다. 결국 부인인 베르나르와의 사이에 낳은 자식들이었군요?"

숨을 죽이며 큐의 통화 내용을 듣고 있던 다른 수사관들이 입을 다물지 못했다. 그리고 술렁이며 여기저기서 탄식 섞인 말들이 흘러 나왔다.

"말도 안 돼!"

"어떻게 이런 일이, 어떻게 자신이 낳은 아기를 냉동고에 보관할 수 있을까!"

"이것은 정말 이해가 안 가! 분명 가정부도 베르나르가 임신한 것을 본 적이 없다고 했거든. 참 이해가 안 가네."

멈칫하던 큐가 계속을 통화를 이어나갔다.

"네, 정말 믿을 수가 없습니다. 어떻게 이런 일이! 이제 언론에서도 대대적으로 보도가 될 겁니다. 그리고 프랑스 대사관에도 통보를 해야 할 것 같아요. 그나저나 대상자들이 모두 출국해 버려서 조사를 할 수도 없으니 큰일입니다. 프랑스 대사관에 협조를 요청해야겠습니다."

결과가 나오자 언론에서도 기다렸다는 듯이 일제히 '죽은 영아의 어머니는 베르나르'라는 제목으로 크게 보도하였다. 프랑스에서도 이 사건이 일면 기사로 보도되었다. 하지만 장 콕 씨와 베르나르는 변호사를 통해서 한국의 검사 결과는 믿을 수 없으며, 자신들은 전혀 애를 가진 적도 낳은 적도 없다고 재차 강조했다. 계속 자신들의 자식이 아님을 강하게 주장했고, 프랑스 언론들도 두 사람의 의견을 위주로 보도하였다. 프랑스 언론들은 한국의 가정에서 쓰던 물건으로 추측한 결과는 믿을 수 없다고 연일 보도했다.

다시 확인하다

"큐! 내가 혹시 베르나르의 진료 기록이 있는지 확인을 했었거든. 그런데 베르나르가 몇 년 전에 자궁적출 수술을 받은 적이 있다는 거야. 이미 모든 것이 다 밝혀졌지만 그래도 더욱 확실하게 할 필요가 있을 것 같아. 보통 큰 수술을 하면 조직 검사를 하거든. 그 조직 검사를 위해 조직을 파라핀 블록으로 만드는 데 이 블록은 영구 보존하는 것으로 알고 있거든. 그 블록의 조직을 검사해서 다시 비교할 필요가 있을 것 같아"

"아! 그거 확실한 증거가 되겠네. 그런데 파라핀 블록이라 어떨지 모르겠네. 시약을 많이 처리하는 것 같던데. 임 박사님께 전화를 해서 이것저것 궁금한 것도 물어봐야겠어. 그렇지 않아도 궁금한 것이 있었는데."

말이 끝나자 바로 큐가 임지현 박사에게 전화를 하였다.

"박사님, 베르나르가 수술을 한 적이 있다고 합니다. 그래서 그 파라핀 블록을 분석했으면 하는데요."

"파라핀 블록은 실험하기가 매우 까다롭습니다. 조직을 파라핀에

넣기 전에 여러 가지 시약을 처리하기 때문에 유전자 분석이 쉽지가 않아요. 잘 나오지도 않고요. 하지만 여러 좌위 중에서 일부만 검출되어도 확률이 높을 것입니다. 최선을 다해서 분석해 보겠습니다."

"네 감사합니다. 그리고 박사님, 프랑스에서는 계속 자신들의 아기가 아니라고 주장하고 한국의 분석 결과를 믿을 수 없다고 하는데……. 저희야 당연히 믿지만 참 답답합니다."

"확실한 결과입니다. 혹시 우연하게 일치할 수 있는 경우들이 있는지 하나하나 모두 검토한 결과입니다. 절대로 바뀔 수 없습니다. 확실하게 믿어도 됩니다."

"네 알겠습니다."

약 일주일이 지난 후에 파라핀 블록에서 유전자형이 검출되었고 빗 2와 귀이개 2에서 검출된 여성의 유전자형과 일치한다는 통보를 받았다. 물론 영아 2명과 모자 관계도 성립되었다. 이로써 모든 확인 작업이 끝난 것이었다. 하지만 프랑스 측에서는 계속 분석 결과에 대해 못 믿겠다며 두 명을 처벌할 수 없다는 입장이었다. 결국 프랑스 대사관에서 영아의 시료를 요구했다. 할 수 없이 국립과학수사연구원에서 프랑스 대사관 직원이 참석한 가운데 영아 2명의 시료 2개가 채취되었고, 일부는 국과수에 봉인이 된 채 보관하고 나머지 일부는 프랑스로 보내져 분석을 하게 되었다. 우리나라 언론도 프랑스 언론의 보도를 인용하며 혹시 분석에서 잘못이 있었던 것은 아닌지 등에 대해 보도하기 시작했다. 국립과학수사연구원에서는 재차 모든 검증을 거친 확실한 결과임을 밝히기도 했다. 10일이 넘어서 프랑스에서 분석 결과가 나왔다. 결론은 두 영아의 부모가 장 콕 씨와 베르나르 씨라는 것이었다. 이제 모든 것이 확인되는 순간이었다.

프랑스 언론들도 너무 한국을 얕보았다는 자성의 보도가 이어졌고 한국의 신문에도 '프랑스의 콧대를 꺾다', '프랑스도 인정!', '한국의 과학 수사 세계에서 인정' 등의 제목으로 보도되었다. 프랑스 대사관은 이에 자신들이 오만했었다고 인정하고 사과했다.

"와우! 이제 끝났다. 정말 힘들게 왔네. 그렇게 부인하더니 결국은 과학의 힘에 무릎을 꿇었군. 그런데 왜 가정부와 주위 사람들은 그녀가 임신한 것을 본 적이 없다고 했을까. 실제로 그랬을까? 아니면 모르는 척 한 것일까? 앤! 며칠간 푹 쉬자."

"글쎄, 아마 몰랐을지도 몰라. 베르나르가 집 밖을 나간 적이 거의 없다고 하니까. 우리도 처음에는 전혀 의심을 하지 않았으니."

"산후우울증으로 그런 거라고 하는데 참 무섭네."

앤과 큐 그리고 동료 수사관들이 사건을 놓고 얘기를 나누었다.

사건이 해결되고 일주일이 흘렀다. 큐가 신문을 들고 앤에게 다가가서 얘기했다.

"앤! 글쎄 베르나르가 프랑스에서도 비슷한 사건을 저질렀다고 보도되었어! 프랑스에서 조사 결과 드러났다는 보도야."

핵 DNA STR 유전자형 분석에 의한 친자 확인

핵DNA STR 유전자형은 아빠로부터 하나, 엄마로부터 하나씩 유전되며 부모로부터 유전자형을 받았는지 안 받았는지 여부로 가족 관계가 성립되는지를 판단하여 신원 확인을 할 수 있다.

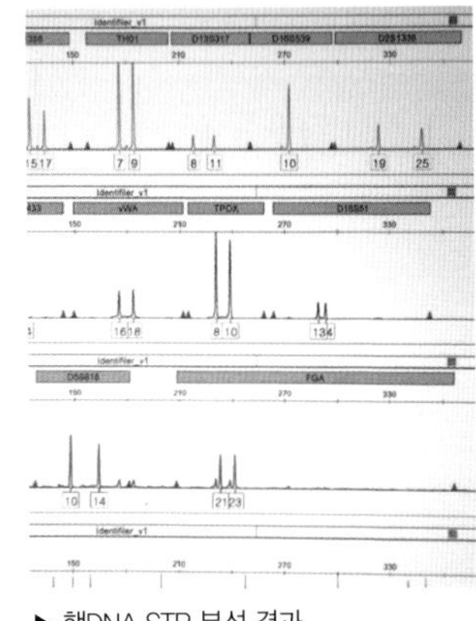

▶ 핵DNA STR 분석 결과

Y-STR 유전자형 분석

Y-STR 유전자형은 남성을 결정짓는 Y 염색체 상의 STR 유전자형을 분석하는 것으로 남성에서 남성으로만 유전되어 부계를 찾아가는 데 사용된다.

미토콘드리아 DNA 분석

미토콘드리아 DNA 분석은 핵 외에 존재하는 미토콘드리아 유전자를 분석하는 것으로 염기 서열을 분석한다. 미토콘드리아는 엄마에게서만 물려

받기 때문에 미토콘드리아 DNA는 엄마의 유전자형만을 가지고 있어서 모계를 찾아가는 데 사용된다. 즉, 부모가 없이 형제자매만 있는 경우 등에 사용된다.

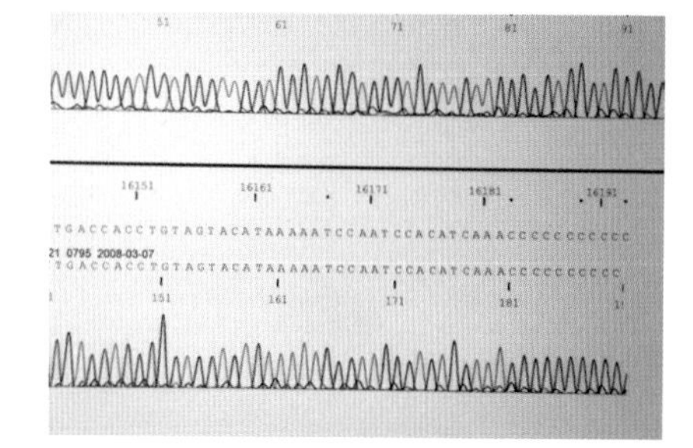

▶ 미토콘드리아 DNA 분석 결과

CASE 4
불에 탄 차량에서 사라진
운전자를 찾아라!

사건 주요 내용

지방의 한적한 도로에서 승용차가 불에 타 도로변에 처박힌 채 발견되었다. 차량 안에서 다량의 혈흔이 발견되었지만 다친 사람이 발견되지 않았다. 피해자의 신원이 밝혀지고 다량의 혈흔이 있는 것으로 보아 사망한 것으로 인정되어 그의 부인이 보험금을 수령하였다. 하지만 엄청난 사실이 서서히 드러나기 시작한다.

버려진 차량

한적한 지방 도로에서 승용차가 불에 탄 채 도로변에 처박혀 있는 것을 인근 마을의 주민이 그곳을 지나가다 발견하여 신고하였다. 차량의 외부 모습은 불에 일부가 탄 채였지만 타지 않은 부분은 깨끗한 상태였다. 더욱 이상한 것은 분명 교통사고 같은데 차량의 내부에는 사람이 없었다.

"앤, 좀 이상한 사건이 접수되었어. 야! 이거 참, 애매한 사건인데. 분명히 교통사고인 것 같은데 사람이 없다는 거야."

"에구, 별의 별 사건이 다 일어나네. 빨리 출동해서 자세히 조사를 해야겠어."

앤과 큐가 바로 현장에 도착하여 차량에 대한 감식을 하였다.

처박혀 있는 승용차의 주변을 살피고 차량의 내부를 자세히 사진

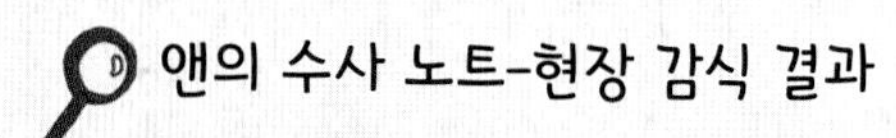

차량 주변 및 도로

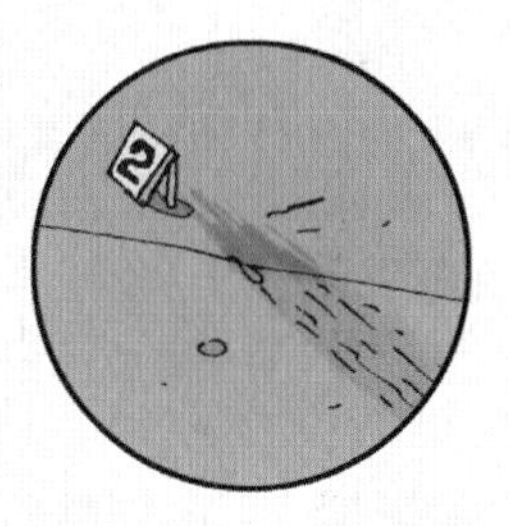

차량이 진행된 쪽으로 도로 주변의 흙이 긁힌 자국이 있었다. 하지만 아스팔트에는 스키드마크 흔적이 거의 없었으며 흙하고 이어지는 경계선 부분에 약간의 스키드마크가 관찰되었다.

차량 내부

승용차의 내부는 앞좌석 시트가 일부 타 있었지만 다른 곳으로 불이 번지지는 않았다. 뒷좌석 시트에 많은 양의 혈흔이 흐른 자국이 있었으며 그 혈흔은 발판까지 흘러내려가 있었다.

을 찍어가며 조사해 나갔다.

"앤, 뭔가 좀 이상하지 않아? 피가 시트를 타고 내려갔을 정도면 누군가 상당히 많은 피를 흘렸다는 것인데 사람이 없잖아. 누군가 사람을 죽여 이 주위에 유기하고 교통사고가 난 것처럼 위장하기 위해 일부러 이곳에 차량을 버린 것 같아."

"큐, 내가 생각하기에도 그래. 저 정도 혈액양이면 피를 상당히 많이 흘렸다는 것인데. 정황으로 보아서는 분명히 누군가 살해되어 유기된 것이 틀림없어 보여. 그런데 아무리 피를 많이 흘렸어도 피가 흐른 형태로 보아서는 살아 있었는데 왜 반항을 하지 않았을까? 분명 시

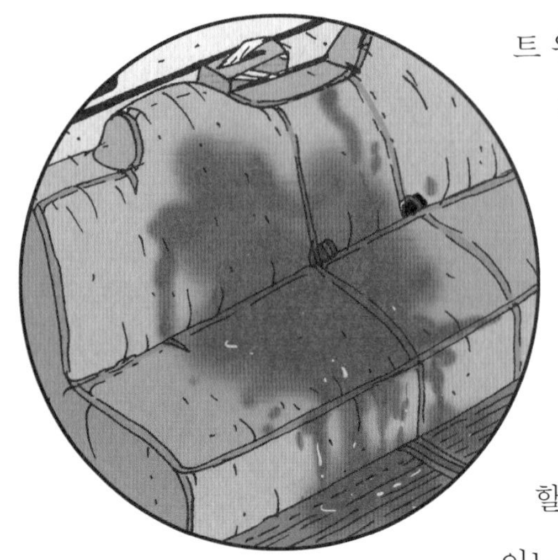

트 위에서 아래로 흘렀거든. 하여튼 시트 내부하고 다른 곳까지 정확하게 조사해야 할 것 같아. 차를 견인해서 국과수에 의뢰해야겠어. 그리고 차량에 방화한 흔적에 대한 검사도 정확하게 해야 할 것 같아."

어느 정도 조사를 마친 후 보다 과학적인 정밀한 감정을 위해 차량을 국과수로 의뢰하기로 했다. 주요 의뢰 사항은 우선 '혈흔이 누구의 것이냐'이고 혈흔의 주인공이 밝혀지면 과연 그 혈흔의 양은 어느 정도인가이다. 그리고 시트의 불이 어떻게 났는지를 밝히기 위해서였다.

"앤, 그렇다면 여기서 죽은 사람은 어디에 있는 걸까? 이 근처에 암매장 된 것은 아닐까? 암매장했다면 주변에 풀이 꺾여 있다던가 시체를 끌고 간 흔적이라도 있어야 하는데 전혀 없는 것 같고. 분명 이것은 누군가 위장한 흔적이 역력해."

"그래, 아무래도 이상한 것이 많아."

"우선 차량이 누구의 소유인지 알아봐야겠어. 그러면 어느 정도 실마리가 풀리지 않을까?"

"그래, 일단 누구 차인지부터 빨리 알아보자."

큐가 차량의 소유주를 조회하였다. 차량의 소유주는 서울에 사는 자영업을 하는 강의민 씨였다. 그에 대해 조사한 결과 벌써 일주일 전에 경찰서에 가출 신고가 되어 있는 상태였다.

그의 집으로 전화를 하였더니 부인이 받았다. 부인에게 남편의 행방을 물었더니 일주일 전에 시골에 가서 바람 좀 쐬고 오겠다고 하고 나갔는데 "누가 미행하는 것 같다"고 통화를 한 것이 마지막이었다고 했다. 그러고는 아무리 전화를 해도 전화를 받지도 않았고, 전화가 오지도 않았다고 했다. 그 후 남편의 직장 동료 그리고 친구들에게 알아봤지만 전혀 아는 사람이 없었고, 남편도 돌아오지 않았다고 했다. 며칠이 지나서 아무래도 이상하여 실종 신고를 했다고 했다.

"남편 소유의 차량이 불에 탄 채 발견되었습니다."

"네?"

부인이라는 사람은 설명을 듣자마자 되물으며 소리 내어 울기 시작했다.

"거기가 어디인가요. 제가 가서 확인하겠습니다."

그녀는 더 이상의 자세한 상황을 묻지도 않고 전화를 끊었다.

한참 후 조사가 진행 중인 사건 현장으로 그녀가 달려왔다.

"이 차가 맞습니다. 그런데 남편은 어디에 있습니까?"

그녀는 차를 보자마자 남편의 차가 맞음을 확인하고 되물었다.

"글쎄요, 저희도 너무 이상한 점이 많아서 지금 조사 중입니다. 하여튼 여러 결과가 종합되면 결론을 내릴 수 있겠지요."

큐가 말했다.

말이 끝나자마자 그녀는 차량 쪽으로 다가갔다. 그리고 처박혀 있는 차량을 살피다 피를 발견하고 울기 시작했다.

"엉! 엉! 저, 저, 피는! 그럼 남편이 납치되어 어떻게 된 것은 아닌지요?"

"글쎄요, 자세한 것은 조사를 해 봐야 알 수 있습니다. 현장 조사도 어느 정도 마무리 되었으니까 이제 차량을 견인해서 국과수로 옮겨야겠어요. 반드시 범인을 잡겠습니다. 앤, 부인한테 남편에 대한 자세한 이야기를 들어 봤으면 해. 난, 국과수에 같이 가 볼게."

"알았어. 큐."

큐의 말에 앤은 고개를 끄덕이며 물끄러미 현장을 쳐다보며 서 있었다. 견인차가 사고 차량을 견인하여 국과수로 향했다. 앤은 부인에게서 남편의 최근 상황에 대해 자세한 얘기를 들었다.

감정 결과

감정이 진행되는 동안 수사는 계속되었다. 정황상으로는 교통사고가 아닌 것으로 판단되었다. 혈흔이 많은 것으로 보아 살해되어 유기된 것도 배제할 수 없어, 사고 현장 주변에서 대대적인 수색을 진행하였지만 그의 시신은 발견되지 않았다.

강의민 씨의 주변에 대해 조사를 계속했지만 사건을 해결할 만한 실마리가 없었다. 그의 행방에 대해 아는 사람이 전혀 없었다. 그와 통화를 시도했지만 통화도 되지 않았다. 실종되기 전에도 별다른 얘기가 없었으며 평상시와 같은 생활이었다고 했다.

부인을 상대로 한 수사에서도 특별한 점을 발견하지 못했다. 하지만 그의 보험 계약 여부를 확인하던 중 그가 2년 전과 1년 전에 사망 시 각각 2억 그리고 3억을 받을 수 있는 보험에 들었다는 사실을 밝혀 냈다.

"그렇다면 보험금을 노리고 부인이 범행을 저질렀다?"

앤이 고개를 갸우뚱하며 큐에게 말했다.

"글쎄, 그 부인의 행동이 이상하기는 했는데 좀 더 조사를 해 봐야겠어. '보험을 누가 들었는지?' 그리고 '누가 수혜자로 되어 있는지' 등등. 이거 참 점점 이상해져 가는 것 같아."

수사와는 별도로 사고가 난 지점을 중심으로 시신을 찾기 위해서 많은 수사관들을 동원해서 주변을 샅샅이 뒤졌지만 전혀 흔적을 찾을 수 없었다. 또 인근 마을을 중심으로 목격자를 찾아보았지만 그 상황을 본 사람도 나타나지 않았다.

일주일 후 차량에 대한 감식 결과가 통보 되었다.

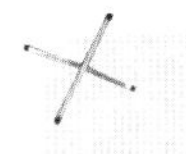

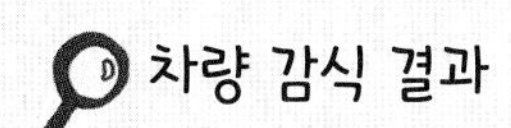

차량 감식 결과

혈액 양의 측정

피해자의 사망 여부를 판단하기 위하여 시트에 묻어 있는 혈흔의 양을 정확하게 측정하기로 하였다. 혈흔의 양을 측정하기 위해서는 차량의 시트를 모두 뜯어내야 했다. 혈흔이 묻은 부분을 중심으로 혈액의 양을 측정한 결과 약 1500CC 정도로 계산되었다.

이 정도는 보통 성인의 총 혈액양인 4000CC의 반에는 못 미치지만 차

안의 다른 부분의 혈흔까지 합친다면 거의 반에 다다르는 양이다. 이는 실제로 한 사람이 흘렸다면 치사량에 가까운 양인 것이다. 따라서 실종자를 누군가가 납치하여 살해하였거나 살해하여 유기한 것으로 판단할 수밖에 없다.

신원 확인

차량 안의 혈흔이 강의민 씨의 혈흔인지를 확인하기 위하여 차량에서 채취된 혈흔과 강의민 씨 자녀들의 구강채취물을 분석하였다. 차량에서 채취한 혈흔과 자식 2명과의 유전자 분석 결과 혈흔과 자식들 사이에 친부 관계가 성립(친부 확률: 99.9999%임)되었다. 즉, 차량에 있는 다량의 피는 강의민 씨가 흘린 피가 확실한 것으로 드러났다.

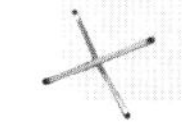
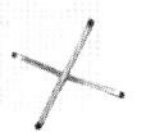

한편 차량에서 수거된 담배꽁초에서는 모두 실종자의 유전자형이 검출되었다. 그리고 혹시 운전한 사람이 다른 사람인지를 확인하기 위해 운전대 및 기어봉에서 채취한 면봉에서의 유전자 분석 결과도 역시 실종자의 것만 검출되었다.

방화 여부를 알아보기 위해 촉매제 검출 여부를 검사한 결과 휘발유 성분이 검출되었다. 이는 누군가 일부러 차량에 불을 질렀다는 것이다.

"아! 결국 강의민 씨는 사망한 것이 확실하다는 것인데. 누군가 살해해서 시신을 유기하고 차량에 불을 질렀다는 것인데……. 시신은 찾을 길이 없고. 참 어렵네. 차량 안에 있던 담배꽁초 그리고 운전대에서도 실종자의 유전자형밖에 검출되지 않았으니 자신이 자신을 납치

해서……. 황당한 시나리오밖에 성립이 되지 않는데."

큐가 힘이 빠진 듯한 표정의 앤에게 말했다.

"일단 사망한 것이 확실하니까 다시 사고 현장 주변을 수색하자고."

"그래 다시 한 번 수색해 보는 거야."

다시 사건 현장 주변을 중심으로 대대적인 수색이 진행되었다. 이번에는 저번보다 더 많은 조사요원들이 투입되어 차량이 발견된 곳을 중심으로 서로 교차해 가며 샅샅이 뒤졌다. 하지만 시신의 행방은 오리무중이었다. 다음 날도 같은 방법으로 가능성이 있는 곳을 모두 수색하였지만 모두 허탕이었다. 약 일주일 동안 2차, 3차에 걸쳐 수색을 하였으나 전혀 흔적을 발견할 수 없었다. 수사의 장기화가 불가피하였다.

시체 없는 살인 사건이 가능할까?

이 사건에서와 같이 시체 없는 살인 사건이 가능할까? 살인 사건은 피해자 즉, 시체가 있어야 성립이 된다. 하지만 시체가 없는 경우에도 간접적인 증명을 통해 사망한 것이 확실하다면 살인죄가 적용될 수 있다. 실제로 우리나라에서도 시체 없는 살인 사건이 적용된 사건이 있다. 1990년대 중반 일어난 살인 사건으로 차량에서 발견된 혈흔의 양이 치사량에 이를 정도로 많은 양이었기 때문에 그 혈흔의 주인을 확인하여 사망한 것으로 인정하고 사체가 없는 살인죄를 적용한 바가 있다.

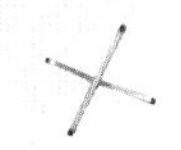

운전대에서 범인의 유전자형을 검출할 수 있을까?

범인이 범행에 차량을 이용했다면 차량의 운전대 등 차량의 어딘가에는 범인의 흔적이 분명히 남아 있을 것이다. 하지만 운전대는 차량의 주인이 항상 운전했을 것이고 한 번 운전하면서 만졌을 뿐인데 과연 범인의 유전자형을 검출할 수 있을까?

정답은 '가능하다.'이다. 물론 양이 매우 적고 다른 사람의 것이 섞여 있을 가능성이 크기 때문에 범인의 유전자형 검출이 쉽지 않을 수 있지만 현대의 과학 기술은 이러한 것들을 극복했다. 범인의 흔적이 매우 적은 양으로 묻어 있지만 이를 증폭하여 범인의 유전자형을 검출할 수 있다.

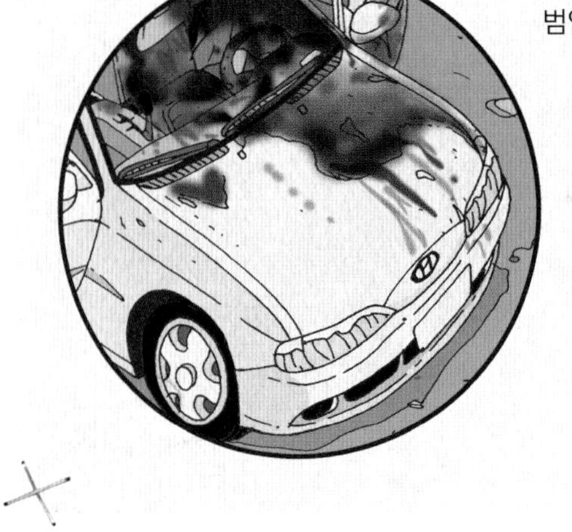

부인에 대한 조사 결과 실종된 남편의 이름으로 가입된 보험은 남편 자신이 가입한 것으로 드러났다. 부인도 모르고 있다가 이번에 듣고 알게 되었다고 했다.

피해자의 주변 인물 및 근황

주변의 사람들한테 들은 이야기로는 피해자는 원만한 성격을 가진 사람이었다고 한다. 원한을 살 만한 사람도 전혀 없었다. 그는 자그마한 사업을 했는데 장사가 잘 안 되서 지금은 매우 어려운 형편이었다. 주변 친구들의 말에 의하면 피해자는 술을 먹으면 “우리나라는 사업하기가 너무 어려워, 그냥 한탕해서 외국으로 도망가서 살고 싶다”는 말을 자주했다고 한다. 누구나 하는 푸념 어린 말일 수도 있다. 어려울 땐 모든 것이 원망스럽고 모든 것에서 벗어나고 싶게 마련이니까.

수사가 장기화됨에 따라 모두 지쳐가고 있었고, 다른 사건을 해결하느라 이 사건은 벌써 관심에서 멀어져 가고 있었다. 그 후에도 부인이 전단지를 뿌리며 남편의 시신을 찾으려 노력했지만 모두 헛수고였다. 할 수 없이 부인은 남편의 유품 등을 모아 장례를 치렀다.

실종자가 사망한 것으로 확인됨에 따라 감정서를 근거로 하여 남편 명의로 되어 있던 보험금도 수령하였다.

2년의 세월

이 사건은 여러 면에서 의심스러운 부분이 많았지만, 대대적인 수색에도 불구하고 피해자의 시신을 찾을 수 없었으며 범인을 확인할 만한 아무런 증거도 발견되지 않았다. 따라서 어쩔 수 없이 미제 사건으로 기록되었고 수사가 마무리되는 듯하였다.

그 후 2년이라는 세월이 흘렀다.

큐에게 한 통의 전화가 왔다.

"여보세요?"

"네, 말씀하세요. 무슨 일이십니까?"

"네, 예전에 차에 불이 난 사건 있었죠. 살인 사건이요. 근데 그 사람이 죽었다고 들었는데 소문에 살아 있다는 얘기가 있어서요."

"네? 그 사람 혈흔 양을 보면 사망한 것이 확실한걸요."

"뭐, 저, 강원도 산골에서 움막을 짓고 살고 있다는 소문이 있어요."

그는 머뭇거리며 말을 이어갔다.

"어디라고 합니까?"

"그것은 모르겠고요, 하여튼 강원도라고 하던데요."

"네, 알겠습니다. 일단 조사를 해보겠습니다."

큐가 연신 고개를 저으며 이해할 수 없다는 듯한 표정을 지었다.

"이건 또 무슨 얘기야. 참, 모를 일이네. 살아 있다고! 그럼 그 혈흔은 뭐야? 도대체."

큐가 혼잣말을 하듯 앤 그리고 동료 수사관들에게 말했다.

"그러게요. 우리가 뭘 잘못 봤나! 아니면 뭐가 잘못 됐나! 분명히 과학적으로 다 증명이 된 상태인데. 혹시 허위 제보 아냐!"

앤이 말했다.

"할 수 없어, 그 가족들을 살펴보아야겠어."

큐가 다시 무엇인가 결심했다는 듯 말했다.

앤과 큐가 그들 가족을 관찰하기로 하였다. 하루가 지나고 이틀이 지났다. 그리고 일주일이 지나도 그들에게는 일상적인 생활밖에 없었다. 2주째가 되던 날 토요일이었다. 부인이 가족과 함께 차량을 이용해 움직이는 것이 목격됐다. 그들은 3시간 이상을 달리더니 강원도 어느 산골 마을로 들어갔다. 그리고 차에서 내려 배낭을 꺼내 메고 오솔길을 따라 또 한참을 걸었다. 앤과 큐는 들키지 않도록 멀리서 그들을 미행했다. 등산을 하는 것 같지는 않았다.

"왜 이렇게 깊은 산속에 길도 없는 곳으로 갈까?"

앤이 큐에게 소곤대며 물었다.

"그러게. 무엇인가 있나 봐. 뭐, 따로 굿을 하러 가나? 괜히 여기까지 쫓아온 것은 아닌지 모르겠어. 에구! 바빠 죽겠는데."

큐가 투덜대듯 말했다.

"어! 저거 보세요. 저 움막. 누군가 나오고 있지 않나요?"

"어! 그러네요. 과연 누굴까요?"

"저! 저! 사람은."

"어, 저 사람은. 죽었다고 한 남편? 아무리 눈을 씻고 보아도 그가 틀림없어."

그들은 마련해 간 음식을 같이 먹고 한참을 머물더니 저녁이 되어 다시 산을 내려왔다. 그리고 이내 차를 타고 집으로 향했다.

드러난 사실

다음 날 앤이 부인을 불러 차분하게 물었다.

"어제 어디 갔다 오셨습니까?"

"어제라니요? 아! 어제, 가족들과 나들이 갔었습니다."

"거기서 만난 사람은 누구지요? 남편과 많이 닮았던 것 같은데요"

"아닙니다, 아는 사람입니다. 남편은 벌써 몇 년 전에 죽었는걸요."

"다 알고 있습니다. 산 속에서 간이로 집을 짓고 사는 사람 말입니다."

부인이 한참을 생각하더니 한숨을 쉬면서 말했다.

"사실대로 말씀드리겠습니다. 사실은……."

"네, 사실은요?"

"남편이 조그만 사업을 하다가 실패를 하였습니다. 처음에는 있는 돈으로 근근이 이어갔습니다만, 있는 돈마저 다 써 버리고 굶어죽을 판이었습니다. 남편이 이제는 도저히 안 되겠다며, 보험금으로 해결하자고 먼저 제안을 했습니다. 자신이 사망한 것으로 조작하면 보험금을 타서 최소한 빚은 갚고 남은 가족들은 편안하게 살 수 있지 않겠냐는 생각이었습니다. 여러 궁리를 하다가 얼마 전에 노숙자를 유인하여 자기 차량에 태우고 가다가 자기의 주민등록증과 수첩을 넣고 본인이 죽은 것으로 위장해서 보험금을 타내려고 한 사건을 모방하기로 했습니다."

"아이고, 그렇게 해도 다 드러나는데요. 왜 그런 생각을……."

"그렇긴 합니다만, 그때는 그런 생각밖에 안 들었습니다. 이성적으로 판단하는 것이 불가능했지요. 지금 생각하면 왜 그런 생각을 했는지 이해가 가지 않습니다."

그녀는 큰 한숨을 쉬면서 다시 말을 이어갔다.

"죽은 것으로 위장하기 위해 동물의 혈액을 어렵게 샀습니다. 이 혈액을 약간 희석하여 차량에 먼저 뿌리고 남편의 혈액을 그 위에 뿌렸습니다. 제가 간호사를 했었기 때문에 일회용 주사기를 이용해서 남편의 피를 뽑을 수 있었습니다. 그리고……."

부인은 더 이상 말을 잇지 못하고 고개를 숙였다. 잠시 후 한숨을 쉬더니 숙이고 있던 고개를 들어 물 한 잔을 요구했다.

이들 부부의 완벽하리라던 조작극은 결국 들통이 나고 숨어 살던 그는 바로 검거되었다. 산속 움집에서 산 지 약 2년의 세월이 지난 후였다. 그의 몸은 제대로 먹지를 못해 너무 초췌해 있었고 정서적으로 매우 불안한 상태였다.

"어느 정도 산속에서 살다가 내려와서 같이 멀리 가서 살려고 했습니다. 아니면 이민을 갈 생각도 하였습니다. 숨어 산다는 것이 너무 힘들었습니다. 항상 불안한 나날을 보냈습니다. 중간에 자수를 하려고 했지만 그때는 용기가 나지 않았습니다. 돈만 있으면 모든 것이 해결될 거라 생각했는데, 결코 돈이 모든 것을 해결해 주지는 않았습니다."

그는 고개를 숙인 채 짧은 말만 남기고 이송되는 내내 아무 말도 하지 않았다. 겉으로 드러난 그의 팔뚝이 마른 나무처럼 말라 있었다.

사람의 혈액과 동물의 혈액을 섞어도 유전자형이 검출될까?

많은 양의 동물의 혈액에 적은 양의 사람의 혈액을 섞는 경우에 그 혈액이 사람의 것인지 동물의 것인지 구분할 수 없다. 그리고 이러한 경우 시료의 일부를 채취해서 유전자형을 분석한다면 보통 실험실에서는 사람의 유전자형을 검출하는 분석 키트를 사용하기 때문에 적은 양의 사람 혈액이 많은 양의 동물 혈액에 포함되어 있더라도 사람의 유전자형만 검출된다. 이는 키트 안에 있는 프라이머가 사람의 유전자에만 특징적으로 붙기 때문에 소량이 있더라도 사람의 유전자형만 검출되는 것이다.

사건 현장에서 혈액양은 어떻게 측정할까?

현장 혈흔의 혈액양 추정은 시신이 없을 때 상처받은 사람의 생존 여부를 판단할 수 있는 근거가 된다. 혈액양의 추정은 가끔 이와 같은 사건에서 매우 중요할 수가 있다. 따라서 정확한 방법으로 혈액양을 계산해야 한다.

1. 출혈 양은 혈흔이 묻은 표면의 성질, 흡수도, 혈전의 두께를 고려하여 추정한다.
2. 건조된 혈흔의 무게를 기준으로 하며(0.4167ml/mg) 혈흔이 묻은 물체의 무게를 제외한다.
3. 혈액양 측정 방법

1) 혈액을 흡수하지 않는 물체는 지지체에서 혈흔을 떼어내 혈흔만의 무게를 재어 측정한다.

2) 혈흔과 혈흔이 묻어 있는 물체의 무게를 잰 후 물체만의 무게를 빼서 계산한다.

3) 젖은 혈액의 부피를 계산할 경우 현재 혈흔이 있는 표면과 비슷한 표면에 비슷한 모양으로 일정양의 액체를 흘린 후, 흘린 부피를 계산한다.

※ 혈액은 전체 양의 3분의 1이 체외로 나오게 되면 생명이 위험한 상황에 빠질 수 있으며, 2분의 1 이상 소실되면 사망하게 된다.

유전자 분석에 의한 신원 확인

불상 변사자에 대한 신원 확인은 여러 가지 방법으로 이루어진다. 이 사건의 경우 추정되는 가족이 있으므로, 이들에서 유전자 분석을 실시한 후 가족 관계가 성립되는지 여부로 판단할 수 있다. 물론 헌혈을 했거나 사전에 자신의 신체 증거물(머리카락, 구강 채취물 등)을 채취하여 보관하여 온 경우는 직접 비교할 수 있지만 그렇지 않은 경우 생물학적으로 가족 관계가 성립되는지를 증명함으로써 간접적으로 증명하는 것이다.

희생자	신00		1		2		3				4		5	
유가족명	관계	DNA No.	D3S1358		Vwa		FGA		Ame1		THO1		TPOX	
신00	신00의 부	TSF 074-1	15	16	14	17	23	25	X	Y	6	7	8	8
이00	신00의 모	TSF 074-2	15	17	18	19	22	25	X	X	6	10	8	11
시신 채취 시료		TSS 380	15	16	17	18	23	25	X	X	7	10	8	8

6		7		8		9		10		11		12		13		14		15	
CSF1PO		D5S818		D13S317		D7S820		D8		D21		D16		D2		D19		D18	
12	12	10	13	10	11	8	11	10	13	30	31	12	12	19	19	14	14	13	13
9	11	11	12	11	11	10	10	13	16	29	32	10	11	17	19	13	15	11	14
9	12	12	13	10	11	8	10	10	13	31.2	32	10	12	19	19	13	14	13	14

▶ 유전자 분석에 의한 신원 확인 예

위 표는 대구 지하철 방화 참사 희생자의 신원 확인 예이다. 위에서 희생자는 딸이고 가족으로 부모의 시료가 의뢰되었다. 표에서 보듯이 시신에서 검출된 유전자형을 한쪽은 부에서 한쪽은 모에서 받았음이 증명되어 희생된 사람이 누구인지 밝혀진 예이다.

명성기계

CASE 5
유전자 분석으로 범인의 성씨를 밝혀라!

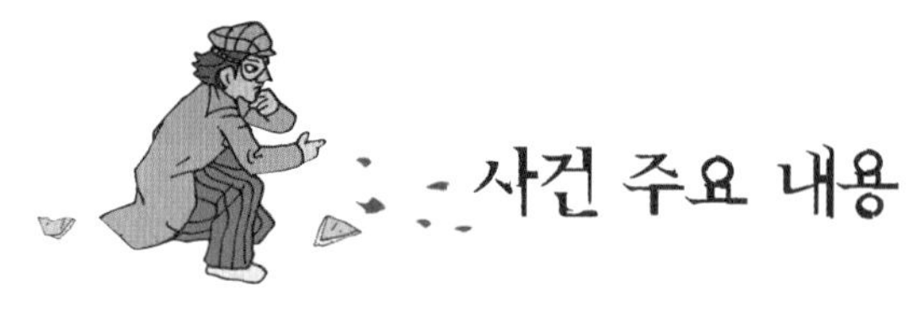

사건 주요 내용

지방의 중소 도시에서 절도 사건이 발생했다. 범인은 한 공장의 철제문을 뜯고 들어가 공장 안에 있던 고가의 장비를 가지고 도망쳤다. 공장 외부 담 밑에서 담배꽁초가 발견되고, 하수구에서 범행에 사용된 것으로 보이는 장갑이 발견되었다. 뚜렷한 범행 동기도 없고 목격자조차 없어 사건은 미궁에 빠지고 말았다. 하지만 작은 단서가 범인을 확인하는 데 중요한 역할을 한다.

절도 사건 발생

지방의 중소 도시에서 절도 사건이 발생했다. 범인은 한 공장 건물의 철제문을 뜯고 들어가 공장 안에 있던 고가의 장비를 가지고 도망쳤다.

"앤! 간단한 사건이니까, 둘 중 한 명만 가자. 앤이 가면 어때?"

"그러지 말고 큐 수사관님이 가시죠!"

"아이, 이거 참. 고참이 이런 사건까지 나가야 하나!"

큐와 앤이 옥신각신하다가 결국 큐가 김철종 수사관과 같이 나가기로 했다

"진작 그럴 것이지.

앤이 큐를 향해 눈을 흘기며 혼잣말로 중얼거렸다.

큐가 귀찮다는 듯 수사에 필요한 장비를 챙겼다.

사건 현장은 많은 공장들이 밀집한 곳으로, 절도 사건이 일어난 공장은 산 밑에 있는 중소형 공장이었다. 공장의 외부에는 블록으로 쌓은 낮은 담이 있었으며, 공장으로 들어가는 문에는 간단한 차단 장치만 있었다. 공장 건물의 문은 철제문이었으며 약간 열린 상태였다.

"어떻게 해서 발견하게 되었습니까?"

큐가 공장 주인에게 물었다.

"문을 잠가 놓았던 자물쇠가 없어지고 문이 열려 있어 직감적으로 무엇인가 잘못되었구나 했습니다. 안으로 들어가 봤더니 공장의 핵

심 장비가 감쪽같이 없어졌지 뭡니까! 그 장비는 그리 무겁지는 않습니다만, 비싸고 그 장비가 없으면 공장이 돌아가지 않습니다. 그것을 찾아야 공장이 돌아가는데 큰일입니다. 새로 만들려면 외국에 의뢰를 해야 하는데, 그러자면 약 두세 달은 공장 가동을 못해 큰 피해를 입게 됩니다. 계약한 주문 기간도 지켜야하는데……."

공장 주인은 근심 어린 표정으로 설명을 했다.

"의심이 가는 사람이 있습니까?"

"의심 가는 사람은 딱히 없는데요, 공장 사정을 잘 아는 사람이 아니면 그 장비만 뜯어갈 리가 없습니다. 분명히 잘 아는 사람이 저지른 것 같습니다."

"혹시 경쟁 업체는 없는지요?"

"경쟁 업체라……. 글쎄요. 멀리 떨어져 있는 데다 직접적으로 관련은 없는 회사입니다. 또 우리가 새로운 거래처와 계약을 하기는 했는데……. 그것은 일부 부품에 해당되는 것입니다. 참, 얼마 전 장비를 고치러 온 사람이 있었기는 한데요. 그 사람은 그럴 사람이 아닙니다."

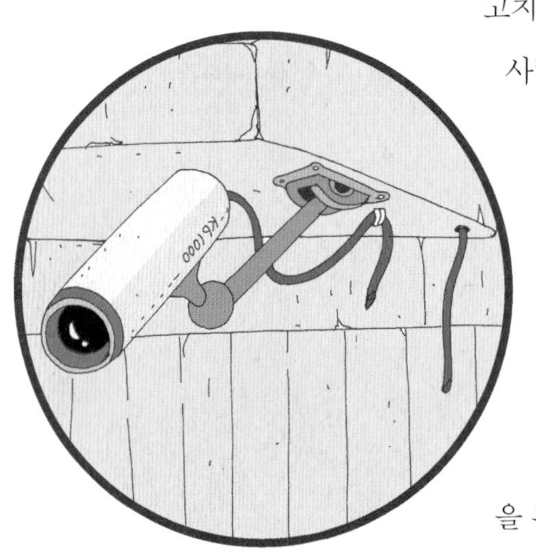

사장이 고개를 갸우뚱하며 말을 이어갔다.

"이것 보세요! 수사관님. 경비를 위해 설치했던 CCTV 선도 교묘하게 절단되었습니다!"

잠시 생각을 하던 사장이 무엇을 본 듯 CCTV를 연결하는 선이 잘려진 것을 손가락으로 가리키며 말했다.

"어! 정말 그렇군요. 이곳 사정을 잘 알지 않고는 숨어 있는 선을 저렇게 정확하게 자를 수 없지요. 아마 CCTV에 범인이 찍히지 않았을 가능성이 크겠군요."

현장 감식

"김철종 수사관님이 CCTV 녹화 영상을 좀 확인해 주세요. 제가 우선 주변을 샅샅이 뒤져 증거가 될 만한 것들을 수집하겠습니다."

큐가 현장 주변을 자세하게 조사하기 시작했다. 하지만 공장 입구 쪽 담벼락 밑에서 담배꽁초 2점을 수거하였을 뿐 공장 내부에서는 별다른 증거를 찾지 못했다.

"뭐라도 있으면 해결의 실마리를 찾을 수 있을 텐데, 정말, 머리카락 한 점 없네. 담배꽁초는 직원들이 피었을 가능성이 크고, 참 큰일이네. 절단된 자물쇠도 없고."

큐가 혼자 중얼중얼 대며 난감해하는 표정으로 말했다.

그 사이 CCTV에 찍힌 영상을 확인하기 위해 갔던 김철종 수사관이 돌아왔다.

"뭐 좀 있어요?"

큐가 김철종 수사관에게 물었다.

"에구, 전혀 없어요. 이미 계획을 하고 미리 자른 것 같아요."

"그러면 증거가 될 만한 것이 아무것도 없네요. 겨우 담배꽁초 2점만 수거했습니다. 좀 더 조사 범위를 넓혀야 할 것 같습니다. 어떻게든 사건을 해결하는데 중요한 잘려진 열쇠하고 범인이 끼었던 장갑을 찾아야 합니다."

큐와 김철종 수사관은 조사 범위를 넓히기로 하고 공장 주변을 샅샅이 뒤지기 시작했다.

"야호! 찾았다."

공장에서 약간 떨어진 하수구 속을 유심히 보던 큐가 소리를 치며 환호했다. 하수구에 버려진 범행에 사용된 것으로 보이는 장갑 두 켤레를 찾은 것이다.

"내가 이럴 줄 알았어. 근처에 열쇠도 있을 거야. 부지런히 찾아보자고."

큐와 김철종 수사관이 현장 주변을 다시 샅샅이 다시 뒤졌지만, 더 이상의 증거물은 찾지 못하였다. 할 수 없이 현장에서 철수하고 수거된 증거물을 챙겨서 사무실로 돌아왔다.

다음날 수거된 증거물을 국과수로 의뢰하였다. 감정 결과가 나올 때까지 주변 인물들에 대한 수사가 계속 진행되었다. 그리고 사장이 얘기 했던 경쟁 업체에 대해서도 자세하게 수사를 진행했다.

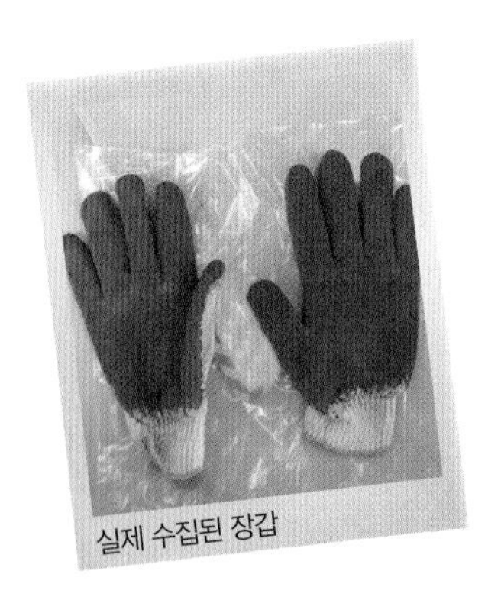
실제 수집된 장갑

주변 공장에 근무하는 사람들에 대한 탐문도 이루어졌으나, 산 밑이고 외진 곳에 떨어져 있어 누구도 절도 현장을 목격하지 못했다고 했다.

미궁 속으로 빠져드는 사건

일주일이 지난 후 국과수로부터 감정 결과를 통보 받았다. 하지만 결과는 실망스러웠다. 담배꽁초 두 개에서 같은 남자의 유전자형이 검출되었지만, 가장 유력한 증거로 생각한 장갑에서는 아예 유전자형이 검출되지도 않았다. 너무 오염이 심해서 유전자형이 검출되지 않았다고 했다.

"사건 해결이 참 어려울 것 같아요. 사건을 해결할 수 있는 증거가 아무것도 없으니. 일단 담배꽁초가 누구 것인지 알아봐야겠어요."

큐가 김철종 수사관에게 얘기 했다.

"그러면 공장 직원들이 피운 것인지부터 알아봐야겠어요."

"하지만 직원들은 거의 그곳에서 담배를 피지 않는다고 하던데. 지나가던 사람이 피운 것인가?"

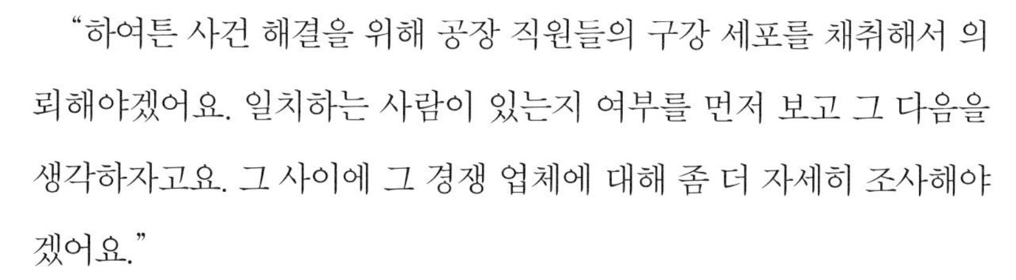

"하여튼 사건 해결을 위해 공장 직원들의 구강 세포를 채취해서 의뢰해야겠어요. 일치하는 사람이 있는지 여부를 먼저 보고 그 다음을 생각하자고요. 그 사이에 그 경쟁 업체에 대해 좀 더 자세히 조사해야겠어요."

직원들과 며칠 전 장비를 고치러 온 사람의 동의를 얻어 모두 구강 세포를 채취하여 국과수에 분석 의뢰하였다.

그동안 경쟁사에 대한 조사가 진행됐다. 경쟁 회사가 납품하던 회사가 최근에 거래처를 피해를 당한 회사로 바꾼 사실이 밝혀졌다. 하지만 경쟁 업체에서 그 장비를 훔쳐갔다는 증거가 없어 조심스럽게 조사를 진행할 수밖에 없었다.

유전자 분석으로 성씨를 알 수 있다고?

국과수에서 공장 직원들에 대한 유전자 분석 결과가 통보되었다. 담배꽁초에서 검출된 유전자형이 공장 직원들 그리고 장비를 고치러 왔던 사람과는 다른 유전자형이라는 결과였다.

"내가 이럴 줄 알았어. 결국은 사건은 이렇게 미궁에 빠지나 보다."

큐가 힘없이 혼잣말로 말했다.

"큐! 임박사님한테 자문을 구하자!"

앤이 큐에게 말했다.

"자문을 구할 것이 뭐가 있겠어. 아무것도 없는데. 그럼 앤이 전화나 한번 해봐."

"알았어, 큐 수사관님을 도와드려야지."

앤이 국과수 임지현 박사에게 전화를 했다.

"박사님, 좀 어려운 사건이 있어서 그런데요."

"네, 뭐든지 도와드릴게요. 말씀하세요."

"절도 사건이 일어났는데 전혀 단서가 될 만한 증거가 없어서 그렇습니다. 사건 현장 담 밑에서 발견된 담배꽁초에서 유전자형은 검출됐지만 누구인지 전혀 알 수가 없고요."

앤이 사건에 대해 자세히 설명하였다.

"그러면, 좀 위험한 방법이기는 하지만, 전혀 단서가 없다니 할 수 없지요. 작은 단서라도 될 수 있다면……."

"네, 저희 심정이 그렇습니다. 작은 단서가 사건을 해결하는 데 결정적인 역할을 할 수도 있으니까요. 도움을 좀 주세요."

"유전자 분석을 통해서 성씨를 추정할 수 있는 방법이 있습니다."

"네! 유전자로 성씨를요? 신기하네요."

"네, 위험하긴 하지만 수사하는데 참고는 할 수 있어요. 원하신다면 일단 저번에 분석하면서 남은 DNA로 추가 분석을 해보도록 하겠습니다."

"네, 감사합니다. 부탁드립니다."

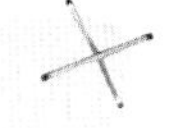

유전자 분석으로 어떻게 성씨를 알 수 있을까?

Y 염색체는 성염색체로 항상 아버지에게서 아들에게 유전된다. 따라서 우리나라 같이 아버지의 성을 따르는 부계 사회에서는 Y 염색체 상의 유전자를 분석하여 성씨를 추정할 수 있다. 따라서 이 사건과 같이 전혀 증거가 없는 사건의 경우 현장에서 발견된 증거물에서 성씨를 추정하면 사건을 해결하는 데 중요한 역할을 할 수 있는 것이다. 물론 이는 추정한 것으로 맞지 않을 경우도 있어, 어떤 사람이 범인임을 확인하는 것보다는 수사에 참고만 해야 한다.

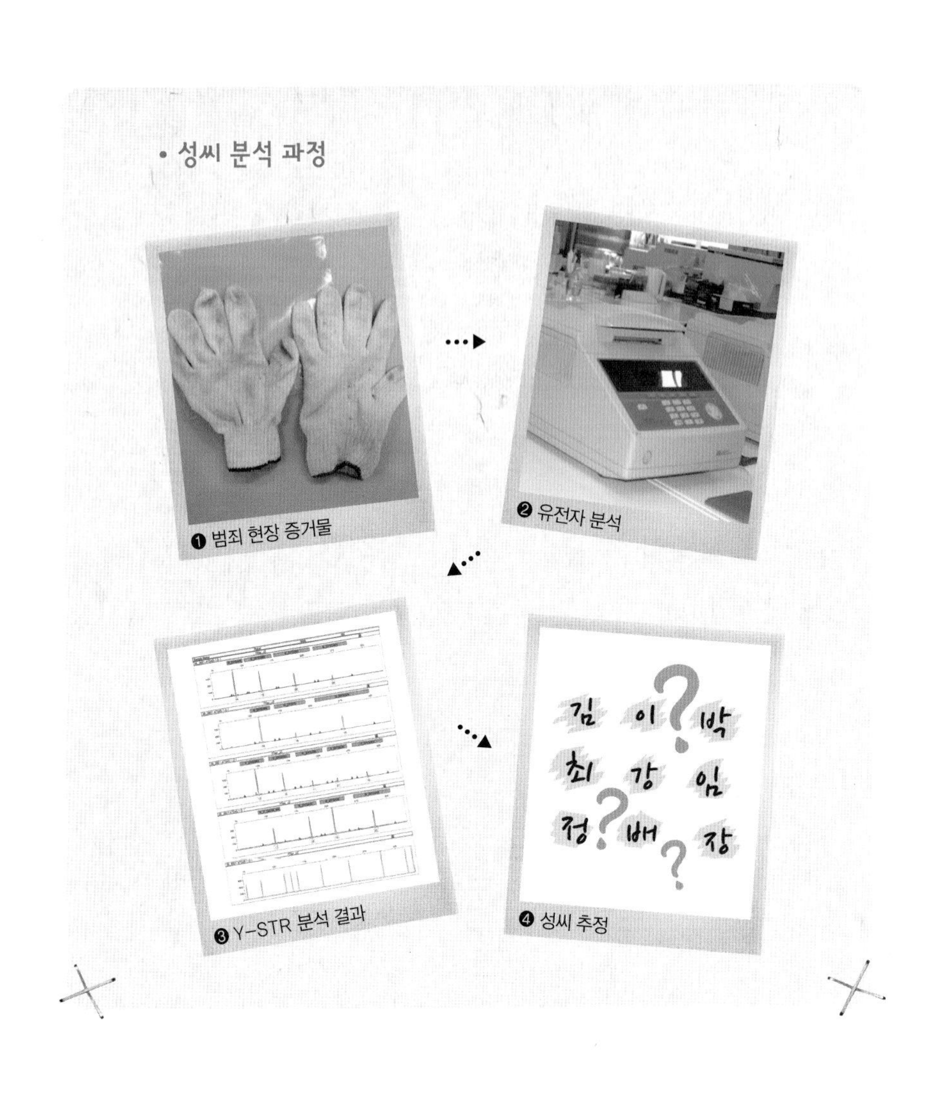

❶ 범죄 현장 증거물
❷ 유전자 분석
❸ Y-STR 분석 결과
❹ 성씨 추정

범인의 성씨가 통보되다

얼마 후 임지현 박사에게서 전화가 왔다.

"앤 수사관님, 분석을 했는데요. 담배꽁초의 주인공은 정씨일 가능성이 있습니다. 다시 말씀드리지만 확실하게 정씨라는 것은 아니고 참고만 하시면 됩니다."

"네, 감사합니다. 잘 활용해서 꼭 사건을 해결하겠습니다."

전화를 끊은 앤이 큐에게 다가갔다.

"그 담배를 핀 사람이 정씨 성을 가진 사람일 가능성이 크대."

"그래! 정씨. 정씨가 범인이라!"

"큐! 하지만 박사님이 그랬지. 절대로 확실한 것은 아니니 참고만 하라고. 또 덤벙대다가 아예 망치지 말고. 내가 반은 해결해 준 거지?"

앤이 큐에게 빈정거리듯 말했다.

"하여튼 정씨 성을 가진 사람을 조사해야겠는데 어디서 정씨를 찾나? 참 난감하네."

큐와 김철종 수사관이 인근 마을에 정씨가 사는 곳이 있는지 그리고 경쟁 업체에 정씨가 근무하고 있는지에 대해 조사를 시작했다. 인근 마을을 중심으로 업체와 관련이 있거나 용의점이 있는 사람들을 위주로 조사를 진행했다. 인근 마을에서는 정씨 성을 가진 사람이 드물었다. 단지 공장 단지에서 수 킬로미터 떨어진 곳에 정씨 집성촌이 있었다. 하지만 경쟁 업체에는 정씨 성을 가진 사람이 근무하고 있지 않았다.

"큐 수사관님, 사건 현장과는 꽤 떨어진 곳에 정씨들이 모여 사는 마을이 있습니다."

"아! 그래요. 그렇다고 모두를 조사할 수는 없고. 난감하네요."

"그냥 사건 당일 행적에 대해서만 알아보면 어떨까요?"

"그렇게 하지요. 사람들이 그렇게 많지는 않으니까 금방 조사가 끝날 수 있을 것 같아요."

큐와 김철종 수사관이 한 명 한 명 면담을 시작했다. 그러던 중 사십대 중반으로 보이는 정수산 씨를 만났다.

"정수산 씨 맞습니까? 이 동네에서 오래 사셨습니까?"

"네, 이 동네에서 태어나서 쭉 이곳에서만 살았습니다."

"같이 얘기 좀 나누었으면 합니다. 혹시 인근에서 일어났던 절도 사건에 대해 아십니까?"

"네! 전혀 모르는데요."

큐의 질문에 정수산 씨는 얼굴이 심하게 상기된 채 더듬으며 대답했다.

"너무 긴장하지 마시고요. 몇 가지만 물어보려고 합니다."

큐는 내심 뭔가 있다는 것을 눈치 채고 정수산 씨를 안심시키면서 질문을 이어갔다.

"그 절도 사건에 대해서 전혀 모르시는 거죠? 혹시 아는 것이 있으면 협조해 주셨으면 합니다."

"예! 제가 뭐 협조 안 한다는 것은 아닙니다. 적극적으로 협조해 드리겠습니다. 근데 저는 전혀 관련이 없습니다."

그는 눈을 바로 쳐다보지도 못하고 더듬으며 말을 했다.

"관련이 없으신 분이 왜 이렇게 어쩔 줄 몰라 하세요. 그냥 편안하게 말씀해 주시면 됩니다. 물 한 잔 드시고 하시죠."

물을 먹고 나서 큐와 김철종 수사관이 번갈아 가며 그에게 질문을 이어갔다. 하지만 그는 사건과의 관련성을 완강하게 부인했다. 큐가 정수산 씨가 먹던 컵을 치우는 척하고 들고 나왔다.

"김철종 수사관님, 이 사람이 아무래도 이상합니다. 이 컵을 국과수에 의뢰해서 그 담배꽁초에서 검출된 유전자형과 같은지 여부를 확인해 볼 필요가 있을 것 같아요."

큐가 나오면서 김철종 수사관의 귀에 가까이 대고 작은 목소리로 말했다.

반전

"김철종 수사관님, 결과가 나왔답니다. 정수산 씨와 담배꽁초의 유전자형이 일치한다고 합니다."

"야호! 드디어 범인을 잡았다! 이젠 꼼짝 못하겠지."

앤과 김철종 수사관이 동시에 환하게 웃으며 맞장구쳤다.

"그래 드디어 해결했구나. 난 완전히 사건이 미궁에 빠지는 줄 알았어. 다행이다. 앤 그리고 김철종 수사관님 고생하셨습니다."

큐와 김철종 수사관이 바로 정수산 씨의 집으로 가서 그를 검거하였다. 그의 범행 동기 등에 대해 자세하게 조사를 했다. 그는 회사와 전혀 관련이 없으며, 그 사건과는 무관하다고 했다. 조사 결과 실제로 그는 피해 공장과는 전혀 관련이 없는 사람이었다. 하지만 현장에서 발견된 유전자형과 일치하였기 때문에 그 절도 사건과의 관련성을 계속 조사했다.

"국과수 감정 결과 공장 담 밑에서 수거된 담배꽁초에서 검출된 유전자형하고 정수산 씨의 유전자형이 일치하는 것으로 나왔어요. 이래도 부인하시겠어요!"

"네! 정말이요. 그럴 리가 없습니다. 저는 한 번도 그곳에 간 적이 없습니다."

"한 번도 간 적이 없다는 분이 피운 담배꽁초가 왜 그 공장 담 밑에서 발견되었지요?"

그는 계속해서 사건과의 관련성을 부인했다.

"정수산 씨! 과학적인 결과도 계속 부인하십니까? 계속 이렇게 하시면 정상참작을 할 수가 없어요. 협조해 주신다고 하시지 않았어요! 사실을 말씀해 주세요."

"네, 네. 말씀드리겠습니다. 저는 망만 보았습니다."

불안해하며 버티던 정수산 씨가 계속되는 설득에 결심을 한 듯 말했다.

"네? 망만 보다니요."

"친구가 너는 밖에서 누가 오는지 보고만 있으면 된다고 해서요."

"그러면 친구라는 사람은 누구지요?"

"고등학교 동창인데요. 회사에 근무하고 있어요. 정빈이가 그냥 망만 보고 있으면 돈을 준다고 해서 쉽게 생각했습니다. 저는 정말 그냥 밖에만 있었거든요."

정수산 씨는 계속 이마의 땀을 씻으며 대답을 했다. 정수산 씨가 말한 고교 동창은 경쟁 회사에 근무하는 한정빈씨였다.

큐와 김철종 수사관이 그 회사로 가서 한정빈 씨에 대해 조사했다.

"증거가 있으면 내놔 보세요. 그 친구는 동창이지만 참 이해가 안 가네요. 왜 저를 물고 늘어지는지!"

한정빈 씨도 역시 자신은 전혀 그곳에 간 적이 없다며 사건과의 관련성을 완강하게 부인했다. 어렵게 실제 범인을 잡았지만 범행을 증명할 수 있는 증거가 아무것도 없었다. 그가 계속 부인을 한다면 결국 범인을 풀어주어야 할지도 모를 일이다.

 장갑에서 묻어나온 범인의 세포

"큐, 범행을 할 때에는 긴장을 해서 손에 땀이 나지 않을까? 우리가 긴장하면 손에 땀이 많이 나잖아. 그 친구 보니까 땀을 많이 흘리던데."

"아, 그렇겠다. 한정빈 씨가 장비를 떼면서 도난당한 장비의 양옆을 잡았을 것이고 거기에 혹시 범인의 땀 흔적이 남아 있지 않을까?"

앤이 큐와 김철종 수사관을 쳐다보며 말했다.

"그 범인이 끼었던 것으로 보이는 장갑에서는 이미 유전자형이 검출되지 않았고, 그리고 그 장비도 살펴보았는데 전혀 흔적이 없더라고."

"그래도 범인이 그곳을 만졌다면 흔적이 남아 있지 않을까? 손해볼 것 없으니 도난당한 장비의 양 옆을 닦아서 의뢰해 보자고."

앤이 눈을 크게 뜨고 강하게 주장을 했다.

"그래 그럼 다시 가서 그곳을 살펴보자. 내가 가서 마무리할게."

"그럼 큐만 믿어."

큐와 김철종 수사관이 다시 공장으로 향했다. 그리고 도난 당한 장비의 양옆을 자세하게 살폈다. 다행히 공장이 가동되지 않아 현장은 범행 이후 누구도 손을 대지 않았다. 큐와 김철종 수사관이 돋보기를

사용하여 더 자세하게 장비의 양옆 부분을 살폈다.

"김 수사관님, 여기 약간의 흔적이 있습니다. 장갑 흔적이요."

"아, 그래요! 장갑 흔적에서 뭐가 나올까요?"

"요즘은 이런 경우에도 간혹 유전자형이 나오는 경우가 있다고 들었어요. 작년에 아파트 2층의 방범창살을 뜯고 들어간 절도 사건이 있었습니다. 이 사건에서 방범창살의 장갑 흔적에서 범인의 유전자형이 검출되어서 해결된 사례가 있어요. 장갑이 땀에 젖어 범인의 땀에 섞여 있는 세포가 묻어나온 것이라고 해요."

"와, 어떻게 그런 것을."

"하여튼 닦아서 의뢰를 하지요."

큐와 김철종 수사관이 도난 당한 장비의 양옆에 범인이 잡았을 만한 곳의 표면을 여러 개 채취하였다. 한정빈 씨의 구강 채취물도 같이 국과수로 의뢰되었다.

며칠 후 다시 결과가 통보되었다.

"국과수에서 다시 결과가 왔어. 이 사건 참 힘들게 해결되는가 보다. 일치한다는 결과야."

큐가 앤과 김철종 수사관에게 말했다.

"야호! 이제 정말 끝났구나. 장갑을 끼면 유전자형이 전혀 검출되지 않을 줄 알았는데 뜻밖이네."

앤과 김철종 수사관이 환호하며 기뻐했다.

"큐! 그건 몰랐지? 그러기에 사건 내용을 파악하고 미리 생각을 한 다음 현장에 들어가야 하는 거야! 다시 한 번 경고하는데 다음에는 꼭 기억해! 알았지! 이 사건은 내가 거의 해결한 것이네!"

앤이 큐에게 우쭐대며 말했다.

"앤! 아주 가르쳐라. 그거 한번 실수했다고 정말 너무하네."

"혼나도 충분할 일이야, 하마터면 사건이 영원히 미궁에 빠질 뻔했잖아."

"에구, 입이 열 개라도 할 말이 없다. 다음에는 간단한 사건이라도 더 철저하게 상황을 파악하고 미리 계획을 세워서 차분하게 현장 조사를 진행해야겠어."

사건의 전말

"한정빈 씨! 왜 그러셨어요?"

큐가 한정빈 씨에게 물었다.

"사장님이 그렇게 하라고 시켰어요. 그리고 저 친구는 아무 죄도 없습니다. 제가 모두 시켜서 한 것이었습니다. 훔친 장비는 이미 망가뜨려서 쓸 수가 없을 것 같습니다. 근처 저수지에 버렸습니다. 죄송합니다. 사장이 시켜서 저도 나쁜 일인 줄 알면서 할 수밖에 없었습니다."

한정빈 씨는 고개를 숙인 채 말을 이어갔다.

"아무리 어려워도 그렇게 하면 안 되지요. 사장도 이 사건에 대해 책임을 면할 수 없을 것입니다. 사건과 관련성 여부를 조사해야겠습니다."

우리나라 성씨의 기원 및 역사

오늘날 우리가 사용하고 있는 성은 신라시대부터 사용된 것으로 보인다. 박(朴), 석(昔), 김(金)의 3성의 전설이 전해져 오며 유리왕 9년에는 육부의 촌장에게 이(李), 최(崔), 손(孫), 정(鄭), 배(裵), 설(薛) 씨의 성을 부여했다고 한다.

고려 중기 문종 9년(1055년)에는 성이 없는 사람은 과거에 급제할 자격을 부여하지 않는다는 법령을 공포하면서 성의 사용이 보편화되었다. 조선 초기에는 양민에게도 보편화되었지만 노비 등의 천민 계급은 조선 초기까지도 성을 사용하지 못했다.

1909년 호적법이 시행되면서 누구라도 성과 본을 가질 수 있도록 법제화되면서 우리나라 국민 모두가 성을 사용할 수 있게 되었다. 이때 성이 없었던 사람에게 성을 지어주기도 하고 본인의 희망에 따라 호적을 담당하던 사람들이 마음대로 성을 지어주기도 했다. 성씨가 혈연과는 전혀 관련이 없이 주어졌음을 알 수 있다. 따라서 이때 성씨의 종류가 많이 늘어나기도 했다.

일제식민통치 하에서는 황국신민화 정책의 일환으로 창씨개명이 있었으며 1946년 미군정이 공포한 조선 성명 복구령으로 또 한 번 큰 혼란을 겪었다. 이후에도 사회가 많이 변화하면서 새로운 성씨와 본관이 많이 생겨났다.

성씨 분석의 범죄 수사 적용 및 문제점

위의 우리나라 성씨의 기원과 역사에서 볼 수 있듯이 우리나라의 성씨는 단순하게 생물학적 부계를 쫓아가지 않았다. 즉, 혈연관계보다는 여러 가지 상황으로 인해 인위적으로 붙어진 성씨가 많이 존재하기 때문에 분석적 오류가 존재할 수밖에 없다. 다시 말하면 사회적으로 성은 같아도 실제 생물학적 혈연관계가 없는 경우가 많기 때문에 이러한 Y염색체의 분석을 통한 성씨의 추정을 어렵게 하는 요소가 되는 것이다.

따라서 유전자 분석을 통한 성씨의 추정은 확률이 많이 떨어지고 오류가 있을 수 있기 때문에 매우 제한적이며 보조적인 수단으로 사용된다. 하지만 틀렸을 경우의 혼란을 감수하면서도 Y-STR 분석을 통한 성씨의 추정을 요구하는 것은 수사 과정에서 범인을 특정할 수 있는 아무런 증거도 없는 경우 사건을 해결할 수 있는 중요한 역할을 할 수 있기 때문이다.

CASE 6
10년이 지나도 진실은 밝혀진다!

사건 주요 내용

경찰서로 중년의 남성이 찾아왔다. 그는 자신이 10년 전 동료를 죽여서 묻었다고 했다. 자신의 범행을 평생 후회하며 살았는데, 이제 죽을 때가 돼서 모든 것을 털고 가기 위해 왔다고 했다. 그는 말기 암 환자였다. 그가 말한 곳을 파 보니 뼈만 남은 시체가 발견되었다. 그 뼈의 신원이 확인되고 결국 영원히 묻힐 것 같았던 그들의 범행이 밝혀진다.

10년 만의 자백

경찰서로 중년의 남성이 찾아왔다. 이 남성은 병을 앓고 있는 듯 매우 초췌해 보였다.

"여기 앉으시죠."

자리를 안내해 준 후, 큐와 앤은 의아해 하며 그의 말을 듣기 시작했다. 중년의 남성은 주저함도 없이 바로 말을 이어갔다.

"사실 10여 년 전에 사람을 죽였습니다."

"네, 무슨 말씀입니까?, 천천히 말씀해 주세요."

처음에는 무슨 도움을 요청하려고 방문한 것으로 생각했다. 그러나 담담하고 거침없는 그의 말에 앤과 큐는 놀라는 표정으로 서로의 얼굴을 쳐다보며 당황스러워했다. 경찰서에는 수도 없이 많은 사람들이 드나들고 별의 별 사건이 다 있기 때문에 그의 말에 믿음이 가지 않으면서도 진지함에 무엇인가 있다는 것을 직감할 수 있었다.

"네, 사실 제가 제 동료를……."

그는 말을 잇지 못하고 고개를 숙였다. 그리고 다시 말을 이어갔다.

"정말 힘들게 살아왔습니다, 이제 그 친구에게 용서를 빌고 싶습니다. 그리고 처벌도 받겠습니다."

"누구를 죽였다는 것입니까?"

"김한섭이라는 친구입니다. 직장 동료였습니다. 직장 동료들과 저녁에 강변에서 술을 마시다가 직장 내의 문제로 시비가 붙어서……. 정말 죄송합니다. 정말 죄송합니다."

그는 제대로 말을 잇지 못하고 죄송합니다라는 말만 계속했다.

"앤, 그때 수사 관련 서류를 뒤져보자고."

"그래, 내가 그때 기록을 가져올게."

"아! 이분이군요. 10년 전에 실종되어 아직도 나타나지 않고 있는 사람입니다. 당시 실종으로 처리되었던 사건이군요!"

앤이 가져온 기록을 보면서 큐가 그에게 말했다.

"네, 맞습니다."

"그런데 어디에 매장을 했다는 것입니까?"

큐는 10년 전의 일을 이제야 자수한다는 것이 영 꺼림칙했다. 왜 이제야 자수를 한 것일까? 영 납득이 되질 않았다.

"강변에 그냥 묻었습니다."

"강변이요?"

'10년이나 지나 버렸는데 과연 시신을 찾을 수 있을까? 그리고 찾았다 하더라도 그 사람이라는 것을 어떻게 증명하며, 10년이나 지난 사건의 범죄를 어떻게 입증한단 말인가? 굴삭기를 동원해서 그가 말하는 주위를 파서 확인하는 수밖에…….'

큐가 혼자 중얼거리며 난감해 했다.

"그런데 왜 이제 자수를 한 것입니까?"

"네 사실, 제가 병에 걸려 이제 살 날이 얼마 안 남았습니다. 마지막 가는 길에 친구에게 속죄를 하고 싶었습니다. 저는 말기 간암 환자입니다. 얼마 전 병원에서 저에게 이제 한 달 정도밖에 살 수 없다고 했습니다. 통증이 심해 올 때마다 진통제로 참아내곤 합니다. 이제 저에게 주어진 시간은 그리 많지 않은 것 같습니다."

그는 계속 말을 이어갔다.

"10년의 세월이 저에게는 악몽 같은 시간이었습니다. 그냥 자수를 했으면 친구에게도 속죄를 하고 나머지 인생을 살 수 있었을 텐데요. 지금 와서는 너무 너무 후회됩니다. 매일 악몽을 꾸며 한 번도 편하게 잠을 이룰 수 없었습니다. 살아도 사는 것이 아니었습니다. 이제 속이 후련합니다. 비록 친구는 돌아올 수 없지만 이제라도 속죄를 해서……."

그는 한이 맺힌 사람처럼 계속 말을 이어갔다.

"네, 알겠습니다. 이제 그 동료를 찾아야지요."

"네."

그는 짧게 대답하고, 동료를 묻은 곳으로 가기 위해 차에 올랐다. 차를 타고서도 그는 말을 계속 이어갔다.

"동료의 시신을 다시 파서 양지 바른 곳에 묻어 주고 제사를 지내 주겠습니다. 그리고 제가 살아 있는 동안 그를 위해 속죄하고 살겠습니다. 그날 이후로 한 시간도 편하게 지내본 적이 없습니다."

그는 이동하는 내내 미안한 마음을 이야기하며 자신의 과거를 뉘우쳤다.

발견되는 주검

앤과 큐 그리고 동료 수사관 몇 명도 그 남성과 같이 이동하여 그가 주장하는 강가에 이르렀다. 강은 폭이 꽤 넓고, 한쪽 둔덕에는 나무들이 있어 그늘에서 모여 놀기에도 좋아 보였다.

"10년 전 여름에 직장 동료들과 이곳에서 모임을 가졌습니다. 밤늦게까지 술을 먹고 놀다가 그만 시비가 붙어 싸우다가 엄청난 일을 저지르고 만 것입니다."

"어느 곳인가요?"

큐가 물었다.

"잘 모르겠습니다. 저 나무 있는 곳에서 얼마 안 떨어졌던 것으로 기억이 되는데요."

그의 말로는 그 당시에는 나무가 좀 더 물가 쪽으로 붙어 있었고 나무도 많지 않았다고 했다. 포클레인을 불러 중년 남성이 말하는 곳을 굴착했으나 아무것도 나오지 않았다. 큐와 동료 수사관들은 세월이 너무 많이 흘러서 기억을 못 하는 것일까? 아니면 이미 물에 다 떠내려가 버린 것은 아닐까? 아니면 이 사람이 정신병자는 아닌가 하는 생각을 했다.

"사람의 뼈는 전혀 발견되지 않는데 어떻게 된 것입니까?"

"그럴 리가 없는데, 이상하네요. 다 떠내려가 버렸나? 그럼, 좀 더 떨어진 저 곳을 파 보시죠."

반신반의 하면서 할 수 없이 중년 남성이 가리키는 곳을 파 내려갔다. 하지만 그곳에도 없었다. 점점 실망이 더해가던 중 포클레인 기사의 "억!" 하는 소리가 들렸다.

"여, 여기요!"

다급한 포클레인 기사의 목소리가 전해졌다.

두개골과 같이 대퇴골 뼈로 보이는 뼈의 일부가 땅속에서 발견된 것이었다. 많은 세월이 흘러서 지형이 바뀐 탓에 정확한 위치를 찾을 수 없었던 것이었다.

“자, 포클레인으로 땅을 파지 말고 이제 천천히 발굴하지요.”

큐와 동료 수사관들은 조심스럽게 시신을 수습하기 시작했다. 하지만 두개골과 대퇴골 이외에는 더 이상의 뼈가 발견되지 않았다.

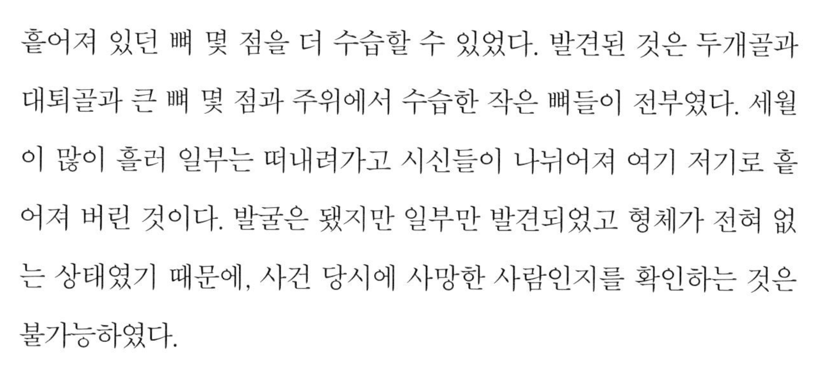

주위의 땅을 더 굴착하여 흩어져 있던 뼈 몇 점을 더 수습할 수 있었다. 발견된 것은 두개골과 대퇴골과 큰 뼈 몇 점과 주위에서 수습한 작은 뼈들이 전부였다. 세월이 많이 흘러 일부는 떠내려가고 시신들이 나뉘어져 여기 저기로 흩어져 버린 것이다. 발굴은 됐지만 일부만 발견되었고 형체가 전혀 없는 상태였기 때문에, 사건 당시에 사망한 사람인지를 확인하는 것은 불가능하였다.

“자, 우선 수습된 시신들을 옮깁시다. 죽은 사람이 맞는지 확인도 해야 하고, 자백을 했더라도 정확하게 수사를 해야 하니까요.”

큐와 동료들이 수습된 뼈를 종이에 조심스럽게 싸며 말했다.

수사는 항상 객관적 사실에 의해 실시되어야 한다. 잘못된 말과 잘못된 정보는 수사의 방향을 전혀 다른 곳으로 바꿀 수 있으며, 이는 결국 사건을 영원히 미궁으로 빠뜨리는 함정이 될 수 있다. 그래서 수사관은 항상 객관적으로 드러난 사실 이외에는 판단 자료로 사용하지 말아야 한다. 이제 이 유골이 진짜 그가 주장하는 사람의 유골인지를 확인하는 것이 중요하다. 본인의 진술만 믿고 모든 것을 처리할 수는 없는 것이다.

"그런데 이렇게 완전히 백골이 된 시신도 누구인지 알 수 있을까요?"

중년 남성이 오히려 물었다.

"글쎄요, 고민입니다. 이렇게 뼈만 남았는데 누구인지를 어떻게 알 수 있을까요? 국과수 박사님한테 물어보아야겠어요."

큐가 국과수의 신원 확인을 담당하는 김 박사에게 전화를 하였다.

"박사님, 10년 전에 땅에 매장된 시신이 발견되었는데 여기서 신원을 확인할 수 있는 빙법이 있습니까?"

"물론이지요. 여러 가지 방법이 있습니다. 유골이 거의 다 있는 경우, 대략적인 키의 계산과 남자인지 여자인지 여부를 확인할 수 있습니다. 그리고 두개골이 있는 경우 치아의 마모도로 사망 당시의 연령을 측정할 수 있습니다. 물론 키의 계산과 연령의 계산은 어느 정도의 오차를 두고 있지만, 사망자의 신원을 확인하는 데 중요한 자료가 될 수 있습니다."

"그밖에 다른 방법은 없습니까?"

"네, 계속 말씀드리지요. 그밖에도 생전에 치과 치료를 받은 기록이 있는 경우 치료 부위의 동일성 여부로 정확하게 신원을 확인할 수 있습니다. 그리고 가장 확률이 높은 것이 유전자 분석 방법입니다. 매우 정확하고 뼈에서도 검출 확률이 높아 현재 가장 많이 사용되고 있고, 가장 신뢰할 수 있는 방법입니다. 유전자 분석의 경우 비교할 수 있는 가족이 있어야 합니다."

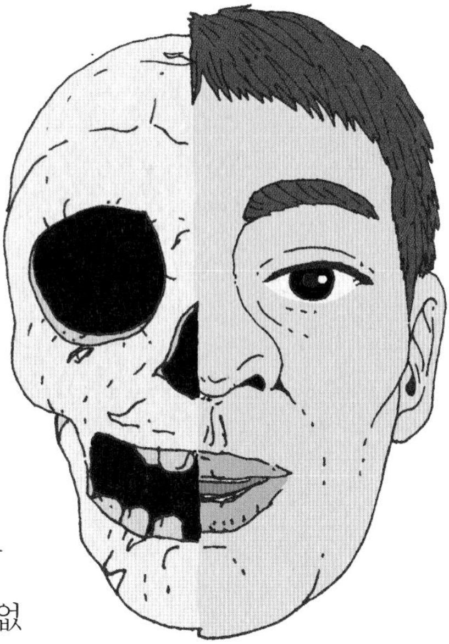

"그럼 치과 기록이 없는 경우나 가족이 없는 경우는 불가능합니까?"

"물론 비교할 것이 없으면 불가능합니다. 치과 기록이나 비교할 것이 없으니 확인할 방법이 없겠지요. 하지만 가족이 없는 경우라도 변사자가 생전에 사용하였던 빗, 칫솔, 옷, 헌혈 혈액 등 변사자를 증명할 수 있는 물건들이 있으면 가능합니다. 그곳에서 유전자형을 검출하고 뼈에서 검출한 유전자형과 동일성 여부를 확인하면 되니까요."

"그러면 유전자 분석을 위해서는 무엇을 의뢰해야 합니까?"

"우선 변사자의 뼈 중에서 가장 두꺼운 부위 즉, 대퇴부의 뼈를 약 7㎝ 정도 자르고, 혹시 모르니까 치아도 2~3개 정도 채취하는 것이 도움이 될 것 같습니다. 그리고 이것들과 비교할 수 있는 가족의 유전자 샘플 또는 생전에 사용하던 물건을 보내시면 됩니다. 물론 가족들의 경우 생물학적으로 실제 가족 관계가 있는 분들을 하셔야 합니다. 간혹 배다른 형제나 입양 등을 표시하지 않아 감정에 혼선을 주는 경우가 있습니다."

"네 알겠습니다. 빠른 시간 내에 채취해서 의뢰하겠습니다. 참, 그런데 가족은 어떤 분들을 채취해야 하는지요?"

"네, 가족은 가능한 직계 가족이 있으면 좋습니다. 즉, 부모 그리고 자식 등 말입니다. 아무도 안 계신 경우 형제, 자매, 외삼촌 등 모계 쪽의 가족을 채취하시면 됩니다. 채취 방법은 구강을 채취하는 키트로 입 안쪽의 볼 부분을 가볍게 긁어 채취 키트에 묻히면 됩니다. 이를 잘 말려서 키트의 용기에 다시 넣어 의뢰하시면 됩니다."

큐와 동료 수사관은 수습된 유골 전체를 신원 확인을 위해 국과수로 의뢰하였다.

드러나는 과거

변사자의 가족을 조사한 결과 그의 어머님이 생존해 계시고 동생 한 명이 있었다. 따라서 어머니와 동생의 구강 세포를 채취하여 바로 국과수로 의뢰하였다.

큐는 남아 있는 당시의 수사 기록을 뒤지며 신고한 사람에게서 당시 상황을 듣기로 했다.

"그러니까 그때가 여름 무렵이었습니다. 동료들끼리 고기나 구워 먹으며 놀자고 해서 여러 명이 함께 갔었습니다. 모임은 12시가 넘어서까지 계속되었습니다. 벌써 술에 취한 듯

한쪽에서 노래를 부르고 한쪽에서는 시비가 붙어 싸우고 엉망이었습니다. 그 와중에 평소에 좀 안 좋게 보던 그 친구가 욕설을 하면서 대들어서 여러 명이 몰려들어 때리기 시작했습니다. 저도 그때 엉켜서 때렸습니다. 한참을 그러다 이러다가 죽겠다는 생각이 들어 그만하자고 하고 물러섰는데 그가 움직이지 않았습니다. 이미 죽은 것 같았습니다. 어떻게 해야 할지 몰랐습니다. 사람을 죽였다는 공포감으로 모두 이성을 잃었습니다. 한참 서로를 쳐다보다, 술을 먹고 강변으로 갔는데 실종된 것으로 하기로 했습니다. 그렇게 모의하고 그 친구를 땅에다 묻었습니다.

날이 밝고 나서야 경찰에 신고를 했습니다. 밤새 그를 찾았지만 못 찾았다고요. 다음날 모두들 나서서 수색 팀들과 시신을 찾는 데 협조했습니다. 잠수부까지 동원하여 며칠 간 찾았습니다. 하지만 당연히 시신을 발견할 수 없었지요. 그렇게 사건은 그 친구의 시신도 찾지 못하고 실종으로 묻혀 버렸습니다. 그리고 10여 년의 세월이 지난 것입니다."

그는 장황하게 그 당시에 일어났던 일들을 설명하였다. 그는 지금도 그때 당시의 일을 생생하게 기억하고 있는 것으로 보였다.

"그때 같이 갔던 분들을 모두 조사해서 진실을 밝혀야겠군요."

큐가 그에게 말했다.

"그 친구들은 아무 잘못이 없습니다. 저하고 시비가 붙어 할 수 없이 달려들어 그렇게 된 것입니다."

"그래도 조사를 해서 진실은 밝혀야 합니다. 그때 같이 있었던 사람들 모두 소환해서 조사하도록 하겠습니다."

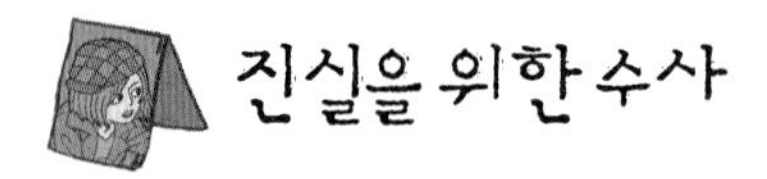

그날 같이 있었던 동료 4명을 차례대로 조사하였다. 모두들 같이 있었다는 것은 인정하지만, 폭행 부분에 대해서는 모두 말이 엇갈렸다. 대부분은 직접적으로 폭행에 가담하지 않았고 그가 싸우는 것을 말렸다는 것이다. 하지만 이를 증명할 수 있는 방법이 전혀 없었다. 이미 많은 세월이 흘렀고 모든 증거가 사라진 상태였다. 그래도 진실은 가려야한다는 생각에 네 명의 친구들에게 정 수사관이 제안을 하였다.

"그러면 거짓말 탐지기를 이용하여 거짓말을 하는 사람을 가려내야겠습니다. 그 친구의 말에 의하면 분명히 달려들어서 집단으로 폭행을 했다고 했는데 누구의 말이 맞는지 가려야 할 것 같습니다. 여러분들 모두 거짓말 탐지 검사의 대상이 될 것입니다."

네 명은 서로의 얼굴을 쳐다보며 우왕좌왕했다.

'그런데 10년이나 되었는데 거짓말 탐지 검사가 가능할까?'

큐가 혼잣말로 말하며 국과수 거짓말 탐지 검사관에게 전화를 하였다.

"박사님, 10년이 지난 사건인데 거짓말 탐지 검사가 가능하겠습니까?"

"가능합니다. 당사자들 입장에서는 중요한 사건이었기 때문에 시간이 지날수록 더 잘 기억하고 있을 테니까요. 그 당시의 장면을 기억하게 하고 사실을 묻는 것이기 때문에 충분히 가능합니다."

전화를 마친 정 수사관이 4명 모두에게 말했다.

"거짓말 탐지 검사를 위해서 4명 모두 국과수로 같이 가셔야 하겠습니다."

정 수사관이 4명과 같이 국과수로 향했다. 국과수로 가는 내내 4명은 표정이 굳어 있었고 말 한 마디 하지 않았다.

거짓말 탐지 검사 결과 실제로 폭행에 가담한 사람은 신고한 사람과 그 외 2명이 더 있었던 것으로 밝혀졌다.

마지막 소원

범인들은 죄를 뉘우치고 처벌을 원했지만 이미 법적으로는 공소시효가 끝난 상황이었다. 처벌을 할 수는 없었지만 이제 묻혔던 사건의 진실이 밝혀지게 됐다. 그리고 그 중년 남성은 이미 암이라는 천형을 받고 혹독한 죗값을 치르고 있었으며, 그의 생명도 이제 얼마 남지 않은 상황이었다.

신고를 한 사람이 지난날을 생각하며 수사관들에게 말했다.

"정말 너무 고통스러웠습니다. 거의 폐인처럼 사니까 주위에서도 이상하게 보았습니다. 한 번도 그곳에 가지 못했습니다. 그리고 그때 같이 있었던 친구들도 그 이후로 한 번도 만난 적이 없었습니다. 아마, 저의 이 병도 죗값이 아닌가 합니다. 덮으려고 했지만 십여 년을 인생 아닌 인생을 살아왔습니다. 죗값을 받는 것보다도 너무 힘들고 고통스러운 나날이었습니다. 양심을 가리고 살아 온 10여 년의 세월이 너무 안타깝습니다. 언젠가는 잊히고 언젠가는 없어질 것으로 생각했습니다. 하지만 세월이 흐를수록 점점 더 새로워지고 저를 옥죄는 것 같았습니다. 다 잊혀도 하늘이 알고 벌을 하는 것 같습니다."

그 중년 남성은 친구의 가족을 찾아가서 사죄를 하고 용서를 빈 다음, 그의 말대로 친구의 유골을 수습하여 마을의 양지 바른 곳에 산소를 만들어 주었다. 정 수사관과 동료 수사관들도 같이 동행하여 제사를 지내주고 내려왔다.

얼마 후 큐한테 한 통의 전화가 걸려 왔다.

"큐 수사관님, 이제 얼마 안 남은 것 같습니다. 저 이제 떠나겠습니다. 나중에 친구 무덤에 가셔서 '제가 죽었다고, 당신을 죽인 죗값을 치르고 죽었다고. 그리고 친구의 곁으로 가서 저승에서도 다시 사죄를 하겠다.'고 말씀 좀 전해 주셨으면 합니다."

그는 말끝을 흐리며 다시 말을 이어갔다. 매우 힘에 부친 듯했다.

"네, 알겠습니다."

큐가 대답했다.

"부탁드립니다."

이 말을 마지막으로 그는 전화를 끊었다.

다음 날, 큐와 앤은 마을 사람들로부터 그가 병원에서 사망했다는 소식을 접했다.

"오늘 그 친구 문상을 가야지?"

큐가 앤과 동료 수사관들에게 말했다.

"그래, 진작 자수를 했어야지, 왜 그렇게 살았는지 모르겠군. 마지막 통화가 그의 유언이 될 줄이야……."

"바쁘지만 그 친구 문상 갔다가 희생자의 산소에 가서 유언대로 용서를 빌어주자고."

수사관들 몇몇이 영안실로 출발했다.

거짓말 탐지 (Polygraph) 검사

범죄가 밝혀지고 자신에게 불리하게 되면 사람들은 본능적으로 거짓말을 하게 된다. 범죄자가 자신의 거짓말로 인해 불안, 두려움을 느끼면 이로 인하여 자율신경계 등에 영향을 미쳐 신체의 각 기관에 생리적인 변화를 일으킨다. 거짓말 탐지 검사는 사건에서 쟁점이 되는 문제에 대해 질문을 하여 특정한 사실이나 물건에서 그의 생리적 변화가 어떻게 변하는지를 특수한 장비를 사용하여 측정한 후, 그것이 거짓 진술에 의한 생리적 반응인지 여부를 판단하게 된다.

▶ 거짓말 탐지실

이러한 방법으로 피검사자가 알고 있는 사실의 진위 여부나 범행 관련 정보를 발견할 수 있다. 질문에 대한 대답은 검사 대상자가 '아니오'라고 부정하는 대답을 할 수 있는 질문을 하는 것이 바람직하다. 여러 질문을 하여 어떤 질문을 했을 때 가장 특이한 생리 반응을 보이는가를 서로 비교하여 어떤 것이 거짓인가를 결정하기 때문에 어떤 질문을 어떤 방식으로 하는가가 매우 중요하다. 현재 거짓말 탐지 검사는 긴장 정점 검사법

(POT, peak of tension test) 등이 주로 사용되고 있다. 긴장 정점 검사법은 피검사자가 범죄에 관한 정보를 알고 있는지 여부를 알기 위해 사용하는 검사 기법이다. 질문의 종류는 실제 피검사자만 알고 있는 범죄와 관련된 정보와 전혀 관련이 없는 질문으로 구성된다.

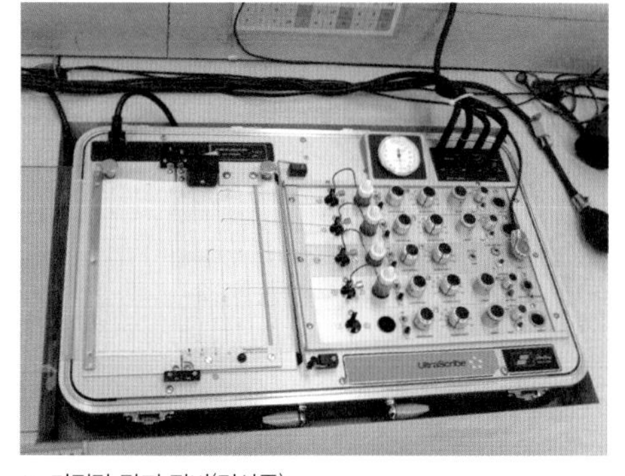

▶ 거짓말 탐지 장비(검사중)

CASE 7
연쇄 방화범을 찾아라!
수사중 POLICE LINE

[2011년 수능출제문제풀이]
의 값은 정수이다.
나쁜놈
POLICE LINE
수사중
LINE 수사중 POLICE

사건 주요 내용

주택가 골목에서 차량 방화 사건이 연쇄적으로 일어났다. 차량에 대한 감식 결과 차량 안에서 불을 붙이는 데 사용되었던 종이의 일부가 발견되었다. 종이에서는 범인을 추정할 만한 단서가 발견되었다. 그런데 2차 및 3차 화재 현장 조사 당시 찍은 비디오에 포착된 한 사람, 그는 왜 그곳에 계속 나타났을까?

연쇄방화사건

1) 첫 번째 사건

불이야! 불이야!

모두 잠든 새벽에 연립 주택가 골목에서 소란이 일어났다. 골목에 세워져 있던 차량에 불이 난 것이다. 새벽이라서 지나는 사람이 거의 없었기 때문에 현장을 목격한 사람은 없는 듯하였다. 근처에 사는 사람이 집에서 자다가 환한 불길을 느끼고 놀라서 뛰어나왔을 땐 이미 차량에 걷잡을 수 없을 정도로 불이 붙어 있는 상태였다. 바로 소방서에 신고를 하였고 소방차가 급하게 출동하고 나서야 불을 잡을 수 있었다. 차량은 전소한 상태로 내부 시트 등이 완전히 탔다.

2) 두 번째 및 세 번째 사건

두 번째 및 세 번째 방화는 첫 번째 방화 지점에서 약 2~3킬로미터 밖에 떨어지지 않은 곳에서 일어났다. 첫 번째 사건이 일어난 지 정확하게 일주일 간격이었으며, 시간도 새벽 2~3시의 시간대였다. 두 번째, 세 번째 사건은 다행히 불이 번지지 않아 일부만 타고 곧 진화됐다. 마침 그곳을 지나던 사람이 그 장면을 목격하고 급하게 진화를 했기 때문이었다. 불이 꺼진 뒤 범인을 추격했지만 범인은 이미 도주한 후였다.

현장 감식

계속되는 방화로 주민들이 불안에 떨고 있었다. 따라서 더 이상 사건이 재발하지 않도록 주요 골목에는 수사관들이 잠복근무를 실시하고, CCD 카메라를 설치하여 24시간 감시하였다. 하지만 그 이후에는 범인이 눈치를 챘는지 방화 사건은 더 이상 계속되지 않았다. 그렇다고 사건이 해결된 것은 아니었다. 범인을 반드시 검거하여 추가적인 범행을 막아야 한다.

첫 번째 화재 현장 및 최근에 일어난 화재 현장에 대한 감식이 실시되었다.

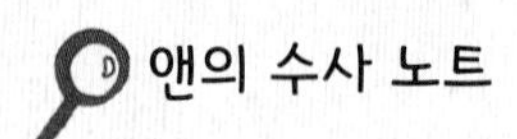

앤의 수사 노트

세 사건의 공통점은 다음과 같다.

① 지역적으로 얼마 떨어지지 않은 같은 지역에서 일어났다.

② 새벽 2~3시의 같은 시간대에 일어났다.

③ 차량 유리창에 모두 매직펜으로 '나쁜 놈'이라고 쓰여 있다.

④ 방화 방법이 모두 같다.

피해 차량들은 모두 창문이 조금씩 열려 있었던 차량들로 범인은 창문의 열린 틈으로 종이에 불을 붙여 밀어 넣어 방화를 한 것으로 보였다. 따라서 세 사건 모두 지역과 시간 및 방법이 유사해서 동일한 사람이 저지른 것으로 추정되었으며 인근에 사는 사람의 소행으로 보였다.

차량에 대해서도 정밀한 감식이 진행되었다. 첫 번째 피해 차량은 거의 전소하여 단서를 잡을 만한 증거를 찾지 못했다. 두 번째 및 세 번째 사건의 피해 차량은 다행히 일부만 타서 타다가 남은 종잇조각 일부를 발견할 수 있었다.

인화성 물질의 종류와 방화에 사용된 종이에 대한 정밀 감정을 위해 3대의 차량 모두 국립과학수사연구원에 의뢰되었다. 타다 남은 종이에는 필기를 한 흔적이 있어 이에 대한 필적 감정도 의뢰하였다.

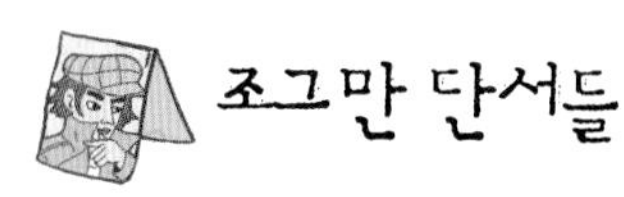

조그만 단서들

"앤, 이 사건의 경우 차량에 쓴 문구로 보아 원한 관계인 것으로 볼 수도 있으나, 연쇄적으로 불특정 차량에 대해 이루어진 것으로 보아 원한에 의한 것보다는 정신병력자나 사회에 불만을 가진 사람에 의한 것으로 보여."

"내가 생각하기에도 그런 것 같아. 원한 관계라면 그 사람의 차에 방화를 해야 하는데 그렇지 않았거든. 분명히 사회에 불만을 가진 사람이 저지른 것이 확실해. 주변에 불량배 등을 대상으로 조사를 해봐야겠어."

"타다 남은 종이의 내용도 일부이긴 하지만 분명히 입시와 관련된 책이야."

"그러면 젊은 사람의 범행이라는 것인데."

"하지만 범인이 젊은 사람이 아닐 수도 있겠지. 그러한 책들은 얼마든지 구할 수 있으니까. 혹시 대입 학원 선생님?"

"설마."

앤과 큐가 사건과 관련하여 조사한 것들을 놓고 계속 논의를 하고 있었다.

문서 감정

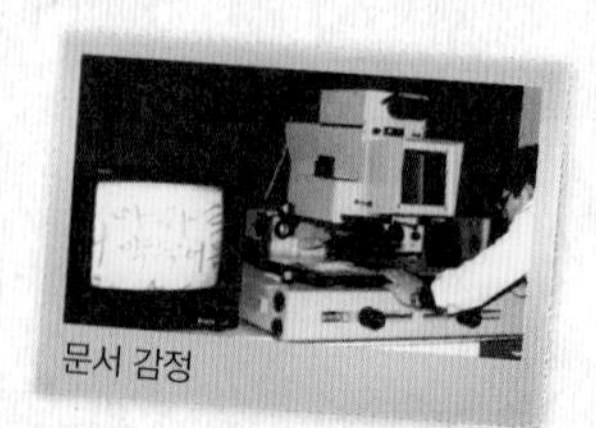
문서 감정

문서 감정은 필체에 나타난 특징들을 관찰하고 물리 화학적인 특성을 분석함으로써 동일한 사람이 작성한 것인지의 여부 또는 문서가 위조 또는 변조된 것인지를 판단한다. 이를 위해서 일반 현미경, 입체 현미경, 고정밀 비교 확대 투영기 등을 사용하여 범행에 의뢰된 감정물과 용의자가 직접 쓴 글자와 비교하여 동일 필적 여부를 판단하게 된다. 또한 종이의 재질, 잉크의 종류 및 서류의 작성 시기 등을 검사함으로써 위조 및 변조 여부를 판단한다.

그리고 탄화 및 훼손된 문서의 글씨를 복원함으로써 원래 문서에 있던 내용을 확인할 수 있다.

첫 번째 사건이 일어난 후 인근 주민들을 상대로 탐문 수사를 벌였으나 사건이 너무 순식간에 일어났고 주민들이 나왔을 땐 이미 범인이 도망가고 없는 상태였다. 전혀 범인의 윤곽조차 파악할 수 없었다.

자동차에서 수거된 타다 남은 종이에는 수학 문제 풀이에 관한 내용이 있었다. 확인한 결과 인근의 대입 학원에서 사용하는 교재였다. 물론 범인을 그 학원을 다니는 사람이라고 단정하기에는 무리가 있어 보였지만 글씨체 등으로 보아 젊은 사람이 저지른 것으로 추정할 수 있었다.

사건 당시의 상황과 용의자의 인상착의에 대해 조사하기 위해 두 번째 및 세 번째 사건의 목격자를 찾아 나섰다. 다행히 두 사건은 목격자를 찾을 수 있었다.

큐가 목격자에게 물었다.

"범인의 인상착의는 어땠습니까?"

"뒷모습만 보았기 때문에 누구인지 알 수는 없었지만, 얼핏 봐서는 젊은 사람으로 보였습니다. 청바지를 입고 있었고 위에는 회색 티를 입고 있었습니다."

"그때 상황에 대해 구체적으로 말씀을 해주셨으면 합니다."

"네, 그렇지 않아도 밤에 방화를 하고 다니는 사람이 있다고 소문이 나돌아 모두들 불안에 떨고 있었습니다. 그날은 제가 마침 일이 늦게 끝나 집으로 가던 중이었는데, 젊은 청년이 동네 어귀에서 어슬렁거려서 이상하게 생각했었습니다. 그런데 아니나 다를까 잠시 후에 이쪽저쪽을 살피더니 무엇인가를 차 안으로 붓고는 라이터 같은 것으로 종이에 불을 붙였습니다. 깜짝 놀라서 소리를 쳤는데, 순간 말이 잘못 나와 '도둑이야!', '도둑이야!' 하고 소리를 질렀습니다. 사람들이 '불이야!' 하면 뛰어나오지만 '도둑이야!' 하면 나오지 않는다고 하던데 정말 그렇더군요. 뛰어가서 급하게 불을 끈 다음 범인이 달아난 곳으로 쫓아갔지만 이미 늦은 상태였습니다."

세 번째 사건의 목격자도 찾을 수 있었다. 그 목격자의 진술도 두 번째 사건의 목격자와 비슷했다. 젊은 사람으로 청바지 차림에 위에는 티를 입고 있었다고 했다.

감정 결과

필적 감정 결과 종이의 일부가 남아 있던 두 사건 모두 같은 사람의 필체로 판명되었다. 종이의 재질도 같은 종류로 같은 곳에서 인쇄된 것으로 보였다. 따라서 최소한 나중의 두 사건의 범인은 동일인이 저지른 것으로 판단되었다.

인화성 물질에 대한 감정 결과 불이 난 곳에서 시너 성분이 검출되었다. 차량에 불을 지르는 데 사용된 촉진제는 시너인 것으로 보였다.

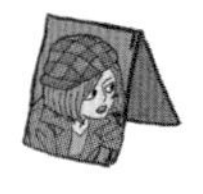

방화범의 행동

범행이 일어난 근처의 학원 등을 대상으로 탐문 수사를 벌인 결과 그 책은 재수생 전문 학원에서 수학 교재로 사용하고 있는 것으로 밝혀졌다. 따라서 이 학원에 다니는 학생일 가능성을 염두에 두고 계속 수사를 진행하였다.

"큐, 우리가 범행 현장을 감식하면서 찍은 비디오를 다시 보았는데 이상한 점을 발견했어. 그때는 전혀 알지 못했는데, 한 젊은이가 두 사건 모두에서 사건 현장을 감식하는 장면을 계속 지켜보고 있었어."

앤이 감식 장면이 담긴 비디오를 다시 틀며 설명을 했다.

"어, 그래. 정말 이상하네. 동네에 사는 사람인가? 아니면 불에 관심이 많은 사람인가? 그렇지 않으면 할 일 없는 사람?"

“글쎄, 그 사람의 행동이 예사롭지가 않아. 보통 사람이면 저렇게 뚫어져라 관심을 가지고 보겠어? 그것도 두 사건 모두에서. 방화범은 자신이 불을 지른 곳을 확인하려 한다고 했어. 저 사람의 신원을 파악해서 조사해 봐야겠어. 분명 무엇인가 있을 거야.”

앤이 그 사람이 있는 장면을 천천히 돌려가며 그 사람의 행동을 관찰하며 말했다.

“그래, 아무래도 이상해. 조사해 봐야 할 것 같아.”

큐와 앤은 학원으로 급히 달려갔다. 그리고 학원의 수강생들과 일일이 대조하며 그 사람이 있는지 조사했다.

용의자 검거

쉬는 시간이 되자 많은 학생들이 삼삼오오 모여서 얘기를 하며 휴식을 취하고 있었다. 모두들 지친 모습이었다. 사진을 일일이 대조하던 앤과 큐가 잠시 밖을 보며 말을 주고받았다.

“와, 재수생이 많기도 하다. 이렇게 많은 사람들이 재수를 하고 있으니.”

"그러게, 더 나은 미래를 위해 노력한다고 하지만 저 좁은 교실에 모여 밤늦게까지 수업을 듣고 공부를 하다니."

"무한의 경쟁에서 살아남아야 하니 스트레스가 많을 거야."

"그래, 좋은 대학 하나 가려고 저렇게 목숨을 걸고 공부하는 것을 보니 안쓰럽다."

하루를 꼬박 새 가며 대조를 했지만 비슷한 사람조차 없었다. 혹시나 해서 전에 수강했던 학생들의 신상 자료가 남아 있는지 물었다. 하지만 명단만 있을 뿐 다른 것은 전혀 알 수가 없다고 했다. 수사가 난관에 봉착했다. 막막했다. 하지만 용의자가 있는데 수사를 중지할 수는 없었다. 어떻게든 그 용의자를 찾아 사건과 관련성을 밝혀야만 했다.

다시 주변 마을을 대상으로 일일이 탐문 수사를 실시하여 용의자를 아는 사람이 있는지 물었다. 한데 뜻밖에도 그를 아는 사람이 나타났다.

"이 사람이 어디서 살고 있습니까?"

"요 근처에 사는 학생인데요. 왜 그러세요."

"사건과 관련해서 조사할 것이 있어서요."

"네? 그 애는 착한 학생인데요. 공부도 잘했고요. 작년에 시험에 낙방을 해서 다시 공부를 하고 있는데요. 요즘 많이 힘들어 하는 것 같다고 부모들이 말을 하더군요."

그 사람이 알려준 대로 재수생이 사는 집으로 향했다. 그리고 그 재수생의 부모를 만날 수 있었다. 큐가 먼저 들어가서 재수생의 어머니로 보이는 사람에게 물었다.

"이용현 학생 있습니까?"

"네, 있는데요. 왜 그러시죠?"

"방화 사건과 관련해서 조사할 것이 있어서요."

"방화 사건이요!"

"네, 요즘 인근에서 일어난 방화 사건 말입니다. 그 사건과 관련해서 조사할 것이 있어서요."

"그런데 우리 애는 왜? 무슨……."

어머니는 말을 잇지 못하고 갑자기 표정이 굳어졌다.

"그럼 우리 애가 그랬다는 것인가요?"

"꼭 그랬다는 것은 아닌데요. 좀 혐의점이 있어서 조사를 해봐야 합니다."

용의자는 원하던 대학에 두 번 떨어지고 세 번째 도전을 하고 있던 삼수생이었다. 그는 입시에 대한 과도한 중압감을 못 이기고 우울증에 시달리고 있었으며 최근에는 정신과 치료도 받고 있었던 것으로 밝혀졌다.

"제가 애와 먼저 이야기를 하고, 조금 있다가 말씀드릴게요."

그녀가 방으로 들어가고 학생과 이야기하는 소리가 작게 들려왔다.

앤과 큐는 차분하게 그녀가 나오길 기다렸다. 그녀가 들어간 지 약 15분이 지났을 무렵 어머니가 아들을 데리고 밖으로 나왔다.

어머니는 앤과 큐 앞에서 갑자기 무릎을 꿇고 울먹이며 말했다.

"제가 잘못했습니다. 아들이 힘든 줄은 알았지만, 이 지경인 줄은 몰랐습니다. 다 제 잘못입니다. 용서해 주세요."

어머니는 하염없이 눈물을 흘리며 용서를 빌었다. 옆에 있던 아들의 손을 잡아끌며 자신의 옆에 앉혔다.

"빨리 잘못했다고 말해. 괜찮아. 엄마가 미안하다."

그녀가 아들에게 조그만 목소리로 말했다.

"아, 아닙니다. 학생이 범인인지는 더 조사를 해 봐야 압니다."

당황한 앤과 큐가 동시에 합창을 하듯 말했다.

"어머니 잠깐만요. 학생을 조사하고 곧 돌려보내드리겠습니다."

큐가 말했다.

"조사하나마나 우리 애가 했다고 말했어요."

"그래도 조사를 해야 합니다."

"네."

앤과 큐가 학생을 데리고 밖으로 나왔다. 그리고 편안한 곳에 앉아 앤이 그에게 물었다.

"왜 아무 관련도 없는 남의 차량에 불을 질렀습니까?"

"저도 모르겠습니다. 그냥 그랬습니다."

"어떻게 그냥입니까? 다른 사람들에게 불안감을 주고 엄청난 재산 피해를 준다는 것을 몰랐습니까?"

"모르겠습니다. 저도 왜 그랬는지 모르겠습니다. 그냥 누군가 하라고 하는 것 같아 그렇게 했습니다. 뭔가 탈출구가 없었습니다. 탈출하고 싶었습니다."

"어떻게 불을 냈습니까?"

"저녁 늦게까지 공부를 하고 오다가 그냥 호기심에 했습니다. 제가 취미로 만들기를 하는데, 페인트를 칠할 때

페인트를 희석하는 데 사용하는 용제가 있습니다. 그 남은 것을 조금 붓고 종이에 불을 붙여 넣었습니다."

"그런데 왜 '나쁜 놈'이라고 창에 썼습니까?"

"그냥 이 사회가 싫었습니다. 공부만을 강요하는 사회가 싫었습니다."

"세 사건 모두 본인이 한 것인가요?"

"네, 그렇습니다."

그는 담담하게 세 사건 모두 자신이 한 것임을 자백했다. 한없이 후회했지만 이미 모든 것은 되돌릴 수 없는 현실이 되어 있었다.

용의자가 검거됨에 따라 증거를 보충하기 위해 추가적인 실험이 진행되었다. 우선 피해자의 옷과 손톱을 국과수에 의뢰해서 현장에서 검출된 인화성 물질이 검출되는지를 실험하였다. 또한 그의 집에서 발견된 인화성 물질이 든 작은 통을 증거로 압수하였다.

실험 결과 그의 옷 호주머니와 손톱 밑에서 페인트 희석제인 시너가 검출되었다. 하지만 본인이 만들기 작업을 계속했기 때문에 결정적인 증거라고 말할 수는 없었다.

또 다른 증거인 현장에서 발견된 타다 남은 종이의 글씨가 용의자의 필체와 동일한 것인지에 대한 감정이 이루어졌다. 감정 결과 종이에 남아 있던 볼펜으로 쓰인 글씨체와 용의자의 글씨체가 정확하게 일치하는 것으로 판정되었다.

또한 차량의 유리창에 쓰인 '나쁜 놈'의 글씨체도 용의자가 쓴 것으로 확인되었다.

나쁜놈

"학력 지상주의가 나라를 짊어지고 나갈 청년들을 정신과 신체가 튼튼한 사람으로 만드는 것이 아니라 오로지 지식만을 외우는, 공부만을 먹고 살아가는 나약한 사람으로 만들어가고 있는 것 같아. 미래의 철학이 있는 튼튼한 사람으로, 다양한 경험을 통해서 참 인생을 살아갈 수 있는 청년으로 자랄 수 있게 해야 하는데……. 실익은 없고 살벌한 경쟁만 있는 오로지 입시만을 위해 젊은 날을 바쳐야 하는 학생들의 미래가 가슴 아프다."

큐가 씁쓸한 듯 말했다.

화재의 종류

화재의 종류는 과학 수사학적 관점에서 자연 화재, 사고 화재 및 방화 등 3가지로 분류할 수 있다. 이 중에서도 방화 즉, 고의적으로 불을 낸 것에 관해 알아보자.

▶ 불에 탄 차량

방화의 증거들

1. 촉진제의 존재

대개 우리 주변의 물질들은 바로 발화가 되지 않는 물건들이기 때문에 불을 지르기 위해서는 촉진제가 필요하다. 때문에 방화를 증명하기 위해서는 촉진재의 존재를 입증한다. 발화원의 주변에 휘발유와 같은 촉진제가 있는 경우 보통 방화인 경우가 많다.

2. 불의 이동 흔적

불이 진행된 흔적을 불의 이동 흔적이라고 한다. 만일 불이 특정한 방향으로 진행되었다면, 고의적으로 불을 지르기 위해 촉진제 등을 부어나간 흔적으로 볼 수 있다.

3. 다중 발화점

여러 곳에서 발화점이 발견되는 경우에도 방화로 의심할 수 있다. 즉, 불이 여러 곳에서 동시에 발생하기 위해서는 고의적으로 불을 일으키지 않으면 거의 불가능하기 때문이다.

인화성 물질

화재 현장에서 수거된 탄화된 물질(종이, 카펫, 목재 등)에서 인화성 물질인 휘발유, 등유, 경유 등과 메탄올, 에탄올 등을 분리 농축하여 방화에 사용된 인화성 물질의 종류를 알 수 있다. 이때 용의자의 의류 및 손톱 밑에 부착된 그을음도 중요한 감정 대상이 되며, 현장에서 검출된 인화성 물질과의 동일성 여부를 실험함으로써 범인을 증명할 수 있다.

과학이 밝히는 범죄의 재구성4

펴낸날 초판 1쇄 2013년 5월 30일
초판 4쇄 2020년 9월 15일

지은이 박기원
그린이 아메바피쉬
펴낸이 심만수
펴낸곳 (주)살림출판사
출판등록 1989년 11월 1일 제9-210호

주소 경기도 파주시 광인사길 30
전화 031-955-1350 팩스 031-624-1356
홈페이지 http://www.sallimbooks.com
이메일 book@sallimbooks.com

ISBN 978-89-522-2668-6 04400
살림Friends는 (주)살림출판사의 청소년 브랜드입니다.

※ 값은 뒤표지에 있습니다.
※ 잘못 만들어진 책은 구입하신 서점에서 바꾸어 드립니다.